U0310148

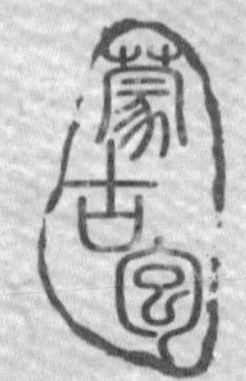

中国传统建筑营造技艺丛书

赵 迪 编著

蒙古包营造技艺

MENGGUBAO YINGZAO JIYI

APGTIME 时代出版
时代出版传媒股份有限公司
安徽科学技术出版社

图书在版编目(CIP)数据

蒙古包营造技艺/赵迪编著. —合肥:安徽科学技术出版社,2013.7
(中国传统建筑营造技艺丛书)
ISBN 978-7-5337-6053-3

Ⅰ.①蒙…　Ⅱ.①赵…　Ⅲ.①蒙古族-民居-建筑艺术-中国　Ⅳ.①TU241.5

中国版本图书馆 CIP 数据核字(2013)第 118979 号

蒙古包营造技艺　　赵　迪　编著

出 版 人:黄和平　策　划:黄和平　蒋贤骏　责任编辑:叶兆恺
责任校对:潘宜峰　封面设计:王国亮　朱　婧　责任印制:廖小青
出版发行:时代出版传媒股份有限公司　http://www.press-mart.com
安徽科学技术出版社　http://www.ahstp.net
(合肥市政务文化新区翡翠路 1118 号出版传媒广场,邮编:230071)
电话:(0551)63533330
印　制:安徽新华印刷股份有限公司　电话:(0551)65859138
(如发现印装质量问题,影响阅读,请与印刷厂商联系调换)

开本:710×1010　1/16　印张:13　字数:152 千
版次:2013 年 7 月第 1 版　2013 年 7 月第 1 次印刷

ISBN 978-7-5337-6053-3　定价:50.00 元

丛书编撰委员会

丛 书 序

在2009年联合国教科文组织保护非物质文化遗产政府间委员会第四次会议上，我国申报的“中国传统木结构建筑营造技艺”被列入“人类非物质文化遗产代表作名录”，这无疑将促进中国民众对营造技艺遗产及与之相关文化习俗的重新审视。

中国传统木结构建筑营造技艺是以木材为主要建筑材料，以榫卯为木构件的主要结合方法，以模数制为尺度设计的建筑营造技术体系。营造技艺以师徒之间言传身教的方式世代相传。由这种技艺所构建的建筑及空间体现了中国人对自然和宇宙的认识，反映了中国传统社会等级制度和人际关系，影响了中国人的行为准则和审美意象。中国传统木结构建筑营造技艺根植于中国特殊的人文与地理环境，是在特定自然环境、建筑材料、技术水平和社会观念等条件下的历史选择。这种技艺体系延续传承约7000年，遍及中国全境，形成多种流派，并传播到日本、韩国等东亚各国，是东方古代建筑技术的代表。2010年，韩国继中国之后也成功申报了“大木匠与建筑艺术”，显示了这项文化遗产的重要性和世界意义。

长期以来，我国对传统建筑的保护主要通过确定各级文物保护单位的形式，侧重古建筑的物质层面。随着非物质文化遗产概念的引入和非物质文化遗产保护工作的展开，传统建筑营造技艺和代表性传承人被列入保护范围，并得到政府和社会的日益关注。下面就非物质文化遗产和营造技艺保护谈几点体会和认识。

一、物质与非物质、有形与无形、静态与活态的关系

非物质文化遗产中的“非物质”容易让人理解为与物质无关或排斥物质。然而，非物质文化遗产并不是和物质完全没有关系，只是强调其非物质形态的特性。“非物质”与“物质”是文化遗产的两种形态，它们之间往往相互融合，互为表里。以营造为例，物质文化遗产视野中侧重建筑实体的形态、体量、材质，而非物质文化遗产视野中则侧重营造技艺和相关文化，它们相互联系、互为印证。通过建筑实体可以探究营造技艺，尤其对于只剩物质遗存而技艺消亡的对象；反之，也可通过技艺来研究建筑。物质文化遗产和非物质文化遗产之间也可相互转换，当侧重建筑的类型学和造型艺术时，即为传统文物意义上的物质遗产；而当考察其营造工艺、相关习俗和文化空间时，则为非物质文化遗产。

称非物质文化遗产为无形文化遗产也并非因其没有形式，只是强调其不具备实体形态。传统营造技艺本身虽然是无形的，但技艺所遵循的法式是可以记录和把握的，技艺所完成的成品是有形的，而且是有意味的形式，形式中隐含和沉淀了丰富的文化内涵。

非物质文化遗产又称为“活态遗产”，这反映了非物质文化遗产的重要特质，即强调文化遗产在历史进程中一直延续，未曾间断，且现在仍处于传承之中。非物质文化遗产的载体是传承人，人在艺在，人亡艺绝，故而非物质文化遗产是鲜活的、动态的遗产；相对而言，物质文化遗产则是静止的、沉默的。然而二者之间仍然存在着非常密切的联系和转换，例如一件建筑作品不但是活的技艺的结晶，而且其存续过程中大多经历不断的维护修缮，注入了不同时期的技艺的烙印；它同时又是一件文化容器，与生活于斯

的人每时每刻相互作用，实现和完成其中的活态生活，是住居不可或缺的文化空间。

二、从营造技艺看非物质文化遗产集体性传承的特点

中国古代木构架建筑经过长期实践而锤炼成固定的程式，可以说世界上还没有任何一个建筑体系像中国古代木构架建筑体系这样具有高度成熟的标准化、程式化特征。建筑的布局、结构、技艺等都有内在的准则和规范。这套体系涉及院落组合方式、建筑之间的对应与呼应关系、建筑的体量与尺度、建筑的结构和构造方式、建筑装饰的施用及题材等。这些准则和规范，在官方控制的范围内成为工程监督和验收的标准，在地方成为民间共同信奉和遵守的习俗。

早在唐宋时期，营造技艺已经有细致的分工，如石、大木、小木、彩画、砖、瓦、窑、泥、雕、旋、锯、竹等作，至明清技艺更细分为大木作、装修作（门窗隔扇、小木作）、石作、瓦作、土作（土工）、搭材作（架子工、扎彩、棚匠）、铜铁作、油作（油漆）、画作（彩画）、裱糊作等。明清宫廷建筑设计、施工和预算已由专业化的“样房”和“算房”承担。传统营造业以木作和瓦作为主，集多工种于一体，具有典型的集体传承形式。在营造过程中，一般以木作作头为主、瓦作作头为辅，其作为整个施工的组织者和管理者，控制整个工程的进度和各工种间的配合。各工种的师傅和工匠各司其职、紧密配合，保证工程有条不紊进行，整个传统营造工艺已经发展为非常成熟的施工系统和比较科学的流程。

三、整体性、活态性与营造技艺的保护

营造技艺的保护应注重整体性原则。传统建筑文化中包含多方面的非物质文化遗产内容，不唯营造技艺一项，比如建筑的选址、构成、布局等均涉及联合国非物质文化遗产分类中关于宇宙、自然、社会诸方面的认知，城市广场、村寨水口、廊桥等空间场所

及各种民俗、祭祀、礼仪活动(包括庙会)构成了典型的文化空间，还有伴随营造过程的各种禁忌、祈福等信俗活动。这些内容实际上都依附于传统建筑空间及营造活动过程，相互关联，形成一个整体。

“营造”一词中的“营”，与今天所说的建筑设计相近。不同的是，它不是一种个体的自由创作，而是一种群体的制度性、规范性的安排，是一种集体意志的表达，同时也是技艺的一种表现形式。任何一种手工技艺都含有设计的成分，有的占据技艺构成的重要部分，体现了营与造的统一。

活态保护与整体相关，即整体保护中涉及活态保护与静态保护的有机统一，但这里的活态保护主要强调的是一种积极的介入性保护手段，即将保护对象还原到一个相对完整的生态环境中进行全面保护，或称之为“活化”。过去我们拆除一些建筑遗产，新建假古董，继而又孤立地保留一些有历史价值的建筑，割裂了其所依存的环境，并弱化了原有的功能和生活，使文化遗产蜕变为没有内容和活力的标本。现在已有一些地方进行了富有成果的尝试，即成区片地整体保护传统街区、民居、寺观，并将之辐射为街区的整体生态保护。一些深刻反映中国传统文化的信俗项目及其建筑空间可望加以恢复，其内容和功能将转化为城市历史记忆、社区文化认同与市民社会归属的文化空间，以及市民休闲交往的场所，这也将是多元社会价值取向的一种标志。

与一般性手工技艺的生产性保护相比，营造技艺有其特殊的内容和保护途径。有别于古代大量的营造技艺实践，当今传统营造技艺只局限在少量特殊项目。然而旧有传统建筑的修缮却是量大面广，并且具有持续性特点，如果我们把握住传统建筑修缮过程中营造技艺的保护，将使营造技艺得到有效的传承与保护。这其中有两方面的工作可以探讨和实践：一是在文物建筑保护单位中划定一定比例的营造技艺保护单位，要求保护单位行使物质文化遗产与非物质文化遗产保护的双重职责。无论复建抑或修缮，将完全采用传统材料、传统工序、传统技艺、传统工具，遵照传统习俗，使之同时成为非物质文化遗产保护的活化石。另一方面，复建和修缮本身是技艺的实现过程，也是技艺得以传承的条件。营造是一种兼具技术性、艺术性、组织性、宗教性、民俗性的活动，丰富且复杂，其本身就是一种可以观赏和体验的对象。可以探讨一种新的修缮与展示相结合的方式，类似考古发掘和书画修复的过程呈现，将列入非物质文化遗产项目的营建、修缮过程进行全程动态展示或重要节点展示，包括其中重要的习俗与禁忌活动。

《中国传统建筑营造技艺》丛书是在我国大力开展非物质文化遗产保护工作的背景下，结合中国传统建筑研究领域的实际情况提出的。保护传统建筑营造技艺是保护传统建筑的核心内容，虽然传统建筑的许多做法已经失传，但有很多传统建筑类型的营造技术和工艺仍在中国各地沿用，并通过师徒之间的言传身教传承下来，成为我们珍贵的非物质文化遗产。对这些营造技艺的系统整理和记录是研究中国传统建筑的一个重要方面。鉴于此，我们在中国艺术研究院建筑艺术研究所开展的“中国传统建筑营造技艺三维数据库”课题的基础上，组织编写了《中国传统建筑营造技艺》丛书，旨在加强对传统建筑营造技艺的研究，促进传统建筑营造技艺的传承。

刘 托

中国艺术研究院建筑艺术研究所所长、研究员

前　言

在我国的北部和西北地区，有着广袤优质的草场。长久以来，这里一直都是蒙古族兄弟赖以生存的家园。作为游牧民族，他们的生存空间极其辽阔。东到兴安岭林莽、西至阿尔泰雪峰、南抵万里长城、北达贝加尔湖，都曾是他们纵马征战和自由驰骋的地方。勇敢的蒙古人适应了严酷的自然环境，逐水草而居，用自己的勤劳和智慧创造出了灿烂的草原文明。

茫茫大草原上，固定式民居无法满足游牧的需要，于是历史悠久、建造简单、运输便利、防风保暖的蒙古包建筑便应运而生了。确切地说，蒙古包是蒙古族和其他北方游牧民族(如哈萨克族、鄂温克族等)的典型建筑形式。在古代，蒙古人称其为“格日”，而在汉文的古籍中则被称为穹庐、毡帐、毡包、百子帐等。那么“蒙古包”这个名字又是从何而来的呢？原来，以前的满族人称蒙古人的毡帐为“蒙古博”，“博”在满语中是“家”的意思，“蒙古博”指的就是蒙古人的家。到了清朝，随着满人入关，“蒙古博”的叫法便在神州大地上广为流传，久而久之，就被讹读成“蒙古包”了。

和其他地方的民居建筑不同，蒙古包的制作和营建是两个相对独立的过程。普通牧民而非专业工匠在这两个过程中都扮演了十分重要的角色。就前者而言，虽然现在的蒙古包大都是在工厂里预制加工的，但是大多数牧民依然掌握着制造的技艺；就后者而言，熟练地搭建蒙古包更是一个牧民必须掌握的最基本的生活技巧。可以说，蒙古包的营造技艺比其他任何一种建筑技艺更加深远地影响了一个民族，因此值得我们关注和研究。

作　者

目　　录

第一章 蒙古包——草原上的建筑奇葩

提起蒙古包,可以说是无人不知、无人不晓。别看它结构简单,但却有着极强的实用性。正因如此,蒙古包才能承载着草原文明,流传千年而不衰。蒙古包的优点有很多,归结起来可以用三个词概括,就是“坚固、适用、美观”。早在古罗马时期,著名建筑师维特鲁威就在建筑学巨著《建筑十书》中提出,以“坚固、适用、美观”这三条标准来衡量建筑的优劣。虽然这些标准看似简单,但却十分精准地把握了建筑设计的本质,因而受到后世建筑师的广泛认可和推崇。世世代代生活在草原上的牧民恐怕没有机会拜读维特鲁威的大作,但是经过几千年的摸索和实践,他们仅用最简易的材料就创造出了符合上述标准的优秀建筑,这不得不让我们对游牧民族的聪明智慧深表敬佩。

首先来说说它的坚固。也许有朋友会问,一座蒙古包无非是用木头、毡子和绳索搭建起来的,其中最粗的木材也不过一手握粗细,毡子只有薄薄的一两层,绳索更是司空见惯的物件,这些东西拼凑起来的建筑能结实吗?(图1-1)其实您大可安心,蒙古包的

图1-1 草原上的蒙古包

坚固可是经受住了上千年的历史检验的。要知道,游牧民族主要分布在广大的欧亚草原之上,这里深处内陆,高原众多,气候条件极其恶劣,有些地区的冬季长达8个月之久。大草原的冬天不但寒冷(最低气温能到-40℃~-50℃),而且风雪极大,所以说蒙古包的坚固与否是事关生死的大事。曾经有人做过这样的计算,一座中型蒙古包大约有300千克重。但是到了冬天,毡子被雨雪打湿以后,它的重量要再翻一倍还不止。若是普通的帐篷早就被压垮了,而蒙古包却始终能搏击风雪安然矗立,这其中必然有过人之处。

蒙古包科学合理的结构体系是确保它能如此坚固的最主要原因。简单地说,蒙古包的结构体系可以分成木架、毛毡和绳索三个部分,其中木架是建筑的骨架,起承重作用;毛毡是围护部分,起隔绝室内外的作用;绳索是将木架和毛毡固定在一起的,因而起固定和连接作用。(图1-2)三种结构相辅相成,保证了蒙古包的稳定。当然,在它们当中起决定因素的是木架结构体系。蒙古包的木架并不复杂,构件的种类也不多,其中最为关键的是三个,即陶脑(天窗)、乌尼(顶杆)和哈纳(围壁)。自下而上看,哈纳围成一个圆圈,相当于蒙古包的墙壁。在哈纳的上面斜搭着数十根乌尼,它们的作用与椽子类似。这些乌尼形成伞骨形状,把蒙古包的天窗,也就是圆形的陶脑托顶起来。除了以上三个主要结构之外,蒙古包还有木门、柱子等辅助结构。所有结构依靠绳索和皮条相互连接,形成一个既坚固又具有弹性的框架,当受到外力时,连接点会适当伸缩,从而避免了结构的断裂。(图1-3)

除了上述原因之外,还有很多因素也确保了蒙古包的坚固。首先,由于蒙古包平面呈圆形,所以风阻较小,因而降低了水平外力对其产生的影响。其次,它的造型浑圆,这就保证了包顶的雨雪能够快速排干,从而避免了雨灾、雪灾带来的破坏。还有,即便毛毡被雨雪打湿,压力也能通过穹隆形的木架传导到地面,而不至

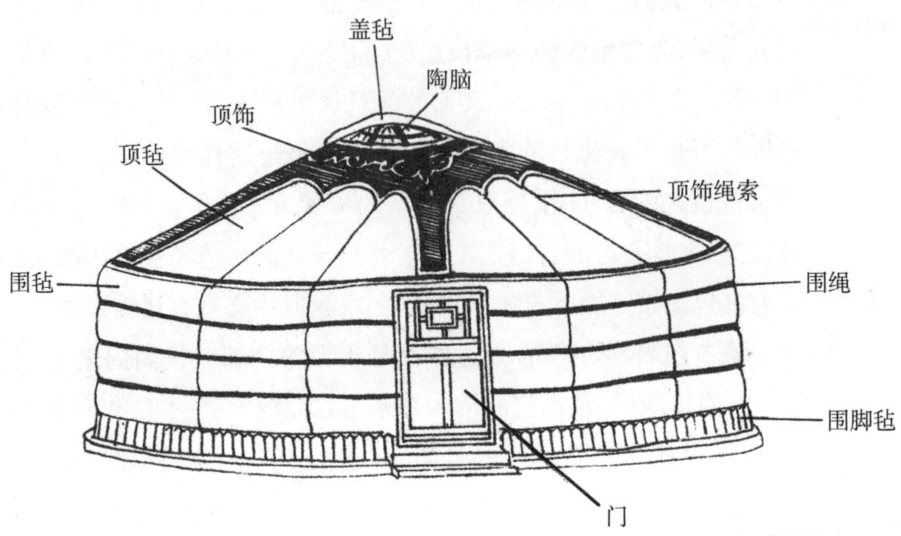

图1–2　蒙古包结构示意图

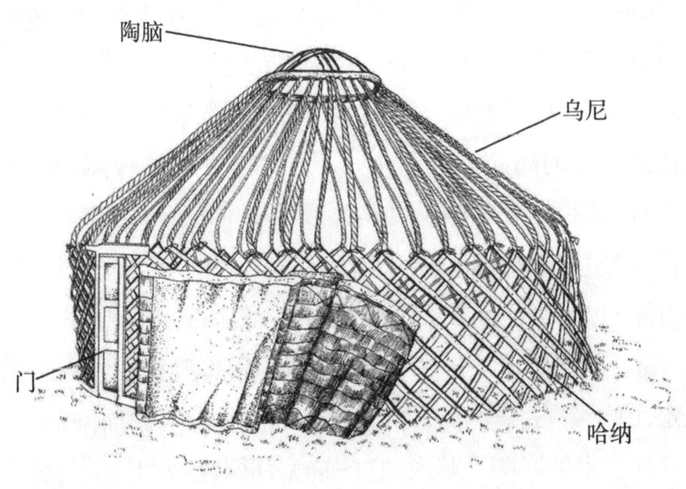

图1–3　木架结构示意图

于将其压断。正是这些因素的综合作用,保证了蒙古包的安全和稳固,使其能在北方最猛烈的风暴中屹立不倒。

蒙古包不仅坚固,而且适用。几千年来,北方游牧民族一直在辽阔的草原上繁衍生息,哪里的水草丰美,牧民就赶着牛羊迁到哪里。过去的游牧有两种形式,一种是在固定地盘上的四季轮牧(并不是只搬四次家,而是在每一个季节都要搬好几次家),称为小游牧。另一种是由于自然灾害、社会变故或战争频繁等原因,牧民赶着牲畜离开原来的家园,进行几千里的大迁徙。这就是所谓的大游牧。因为需要经常性搬迁,所以修建固定的住宅显然是不实际的。于是,蒙古包这种搭建简单、运输便利的建筑,以其完美适应游牧生活的优势,成了牧民们的首选,也是唯一的选择。

笔者在锡林郭勒考察的时候,曾经有幸亲身搭建过一座六哈纳的蒙古包,虽然同行的5、6个人都是门外汉,但我们还是仅用了

图1-4 在锡林郭勒,笔者亲身体验搭建一座蒙古包

不到一个小时的时间，就有模有样地把它搭了起来。而这些活对于那些蒙古族的年轻人来说，他们两三个人一壶茶的功夫就干完了。相对于搭建来说，拆卸一座蒙古包更是省时省力。绳子、带子系的都是活扣，很容易就能解开。绳索一开，毡子就滑落下来。陶脑、乌尼、哈纳都是搭接在一起的，没有一钉一铆，不费多大气力就能拆下来。这么说吧，两个人拆卸一座蒙古包，也就是十来分钟的事情。（图1-4）

不光搭建和拆卸省时省力，蒙古包的运输也十分方便。首先，它的所有构件分量都不重；其次，像哈纳这种比较大的结构还是可以折叠的；最后，为了方便运输，很多构件还能充当其他东西的容器。有了这些特点，两头骆驼或是几辆勒勒车就能轻轻松松地把它搬走了。如果搬迁的路程比较远，晚上要在路上过夜的话，牧民往往会只用乌尼和陶脑搭一个半拉子蒙古包过夜，这样第二天上路前的拆卸和装车就省事多了。要是赶上天气好，甚至还能只用两片哈纳搭成一个“人”字形的棚子，上面再铺块毛毡就凑合过夜了。（图1-5）

图1-5　过去的搬迁车队（引自《蒙古民族文物图典——蒙古民族毡庐文化》）

蒙古包的适用性还不止体现在搬迁方便这点上，更神奇的是蒙古包还有着计时的功能。在古代，人们一般使用日晷计时，但是石质的日晷太粗笨，不容易携带。于是聪明的游牧民族因地制宜，在自己的家里建造了一个“日晷”。其实这种方法也很简单，就是随着太阳的东升西落，观察光线照射在蒙古包上的不同位置，从而推算时间。下面就以夏天的时间为例做个简要的介绍：

清晨，当第一抹晨曦撒在蒙古包的陶脑上时，大体相当于“寅时”。每到这个时候，妇女们便早早起床去挤牛奶，而男人们则出去收拢夜里放青的马群。

当初升的太阳把金光照在乌尼上端的时候，相当于是“卯时”。这时女人挤完了奶，也准备好了早茶，而男人则赶着马群从牧场上回到家里。

光线照到乌尼中段儿的时候基本上是“辰时”。人们陆陆续续喝完早茶，开始把牛群、羊群赶往草场。

太阳照在哈纳上时是“巳时”。此刻，男人已经把牛羊赶到离家较远的草场上，而妇女们正在家里忙着加工各种奶制品。

当耀眼的强光照在蒙古包北侧的地毡(铺在蒙古包室内的毡子)上时是“午时”。这个时候牧民会顶着烈日给牛羊饮水，然后赶着它们到阴凉处午休。蒙古人认为正午是一天里最吉利的时刻，所以每逢结婚，新郎都会选这个时辰将新娘接回家里。

阳光从蒙古包的东北侧开始往上移的时候是“未时”。这时牲畜的午休结束，牧民再次把牛羊赶回草场。

太阳照在东侧哈纳上端的时候是“申时”。这时，人们赶着牲畜从草场往家里返。

渐弱的光线顺着东侧的乌尼往上爬的时候是“酉时”。这时牲畜已经回到了浩特里，妇女们又开始忙活着挤奶了。

随着太阳的落山，阳光逐渐从蒙古包上消失了，忙碌了一天的人们终于结束了辛勤的劳作。他们围坐在一起，开始一边享受着美食，一边聚精会神地听着长者讲述草原勇士的传奇故事……千百年来，蒙古人就是用这种方法计算时间、安排作息的。即使到了今天，手表、手机之类的计时工具已经成了寻常的物件，他们也还是习惯使用这种最为朴素、最为自然的计时方法。

看似简单的蒙古包其实功能一点也不简单。它不仅装卸容易，运输便利，甚至还能充当计时工具，一幢建筑居然能够满足人们如此多的需求，这就是蒙古包适用性的完美体现。

最后再说它的美观。经过数千年的生活实践，游牧民族掌握了一套十分精湛的建筑制作工艺。他们建造的蒙古包就如同精巧的工艺品一般，散发着独特的美感。从远处眺望，浑圆的毡房好像一颗颗洁白的珍珠，散落在蓝天和绿草之间显得格外醒目。在日常生活中，蒙古人接触最多的东西，比如毛毡、奶制品、皮张等都是白色的，因此在蒙古传统文化里，白色是最美好、最吉祥的色彩，具有高贵、纯洁、忠诚、善良等含义。洁白的蒙古包不仅体现了一个民族的审美取向，同时也是蒙古人向往幸福生活的写照。

当你靠近蒙古包时就会惊奇地发现，在它那看似朴素的"外衣"上面，其实布满了各种精美的刺绣。红色的、蓝色的线条流畅地组成了回纹、云纹、盘肠纹等吉祥纹样。这些装饰用色大胆，与白色的毛毡形成强烈的对比，极具美感。在有些蒙古包的外面，还装饰有象征财富和地位的顶饰，这是一种八角形的(也有其他形状的)装饰物，盖在蒙古包上，宛如碧波中盛放的莲花，为质朴的蒙古包平添了几分华丽的色彩。(图1-6)

进入蒙古包，室内的装饰更是巧夺天工。圆形的陶脑和环绕的乌尼组成了蒙古包的屋顶。猛然望去，它们犹如散发着万丈光芒的太阳，将吉祥和幸福撒向人间。与华美的屋顶相反，蒙古包的下部装饰相对比较朴实，本色的毛毡衬托着网格状的哈纳，形成

图1-6　蒙古包的顶饰，上面绣着二龙戏珠的图案（引自《蒙古民族文物图典——蒙古民族毡庐文化》）

独具韵律的构图。蒙古族认为，红色是象征太阳和火焰的颜色，能为整个家族带来兴旺。因此在室内，除了白色之外，红色就是最常见的色彩。比如陶脑、乌尼、哈纳和柱子的底色就多用红色，其上再以蓝色、绿色或金色描画各种装饰纹样、刀马人物。从而创造出蒙古包室内白色为底、红色做衬的艳丽效果。（图1-7）

单从形式美的角度分析，造型简洁、比例适宜、对比强烈、材美工巧的蒙古包无疑是美的。但需要注意的是，在各种艺术门类当中，建筑艺术的“美”包含了最为广泛的内涵。它不仅要求建筑的造型遵循一般的形式美法则，更要求建筑物能够满足人们从心理到实用上的种种诉求。所以谈到蒙古包的美，远不是“美观”一

图1–7　装饰华丽的蒙古包屋顶（引自《蒙古民族文物图典——蒙古民族毡庐文化》）

词就能概括的。要想全面理解，我们还应该从更高的层面上去感悟。

在广阔的东蒙古草原上流传着这样一首歌曲：

因为仿造蓝天的样子，才是圆圆的包顶；

因为仿造白云的颜色，才用羊毛毡制成。

这就是穹庐——我们蒙古人的家庭。

因为模拟苍天的形体，天窗才是太阳的象征；

因为模拟天体的星座，吊灯才是月亮的圆形。

这就是穹庐——我们蒙古人的家庭[①]。

从歌词中我们不难看出，蒙古包的形象与游牧民族对自然界的模仿有关。而正是这样的模仿，满足了他们心理上趋吉避凶、追寻美好的诉求。从古至今，草原始终用宽广的胸怀诠释着“辽阔”的含义。置身其中，除了赞叹自然界的伟力之外，人们更多地会感受到自己的孤独和渺小。为了抚平不安，蒙古人对周遭的各种强大力量加以崇拜和模仿，以期能获得庇佑。在世间万物当中，“长生天”是他们最为崇敬的。《蒙古风情》一书中有一段祭天词是这么写的：

天，为蒙古人传下了人种，

使蒙古人得以繁衍兴旺，

远祖孛儿贴赤那的子孙，

撒遍了沙漠的海洋。

天，为蒙古人培育了五畜，

使蒙古人生存有了保障，

草原上布满了牛马驼羊，

感谢天恩浩荡。

天，为蒙古人赋予了力量，

使蒙古人在世界中逞强，

征服了妖魔和邪恶，

享受了和平吉祥。

可见，在蒙古文化里天空不仅是浩瀚无际的，而且还具有消灾祛难、赐予吉祥的神力。于是蒙古人对美好生活的追求映射到

① 引自《蒙古族民歌选》，内蒙古人民出版社，1983。

了建筑的形态上，他们模仿苍穹的样子，将蒙古包建成了穹隆形。不仅如此，各种人工设施以及驻扎的营盘也都被修建成圆形。于是环环相套的、无形的同心圆成了蒙古人心中最美的形状，而蒙古包作为这一切的原点成了人们心中最美的家园。

穹隆形的蒙古包不仅满足了游牧民族的精神需要，在实际使用过程中也具有重要意义。前面说过，由于蒙古高原自古奇寒、风雪极大，因此需要建筑特别坚实耐用。蒙古包的独特造型使其能够有效避免风载、雪载带来的破坏，确保建筑的稳固和人的安全。所以可以说，蒙古包的造型准确地把握了客观世界的规律，解决了实际问题。正是由于满足了功能和心理上的诸多需要，使得蒙古包达成了“真”(功能)与“善”(理念)的完美统一，从而最终造就了它的美。

坚固、适用、美观的蒙古包是中国传统民居建筑中的一朵奇葩。2008年，“蒙古包营造技艺”入选了第二批国家级非物质文化遗产名录。这无疑是对它所代表的草原文化的莫大肯定，是一件令人欣喜的好事。至此，这一章节本可以告一段落了。但是，由于提到了“非物质文化遗产”(简称“非遗”)这个概念，笔者感到意犹未尽，毕竟很多人对此还比较陌生，而对非遗的普及和宣传也正是本书写作的目的之一。所以，在深入介绍蒙古包及其相关文化之前，将介绍一些与非遗有关的知识。

近些年来“非物质文化遗产”是一个十分热门的词汇。从2001年，“昆曲艺术”入选联合国教科文组织第一批“人类口头和非物质遗产代表作名录”，到2011年，《中华人民共和国非物质文化遗产法》的实施，这十年来，与之相关的新闻经常会出现在各大媒体的显著位置。单从字面上看，“非物质文化遗产”可以被分解为“非物质”和“文化遗产”两部分来解读。相对于前者而言，“文化遗产”这个概念较好理解。早在1972年，联合国教科文组织在《保护世界

文化与自然遗产公约》中就将“文化遗产”界定成了文物、建筑群、遗址三个类别，并做出了如下定义：

文物：从历史、艺术或科学角度看，具有突出的普遍价值的建筑物、碑雕和碑画，具有考古性质成分或结构、铭文、窟洞以及联合体。

建筑群：从历史、艺术或科学角度看，在建筑式样、分布均匀或与环境景色结合方面具有突出的普遍价值的单立或连接的建筑群。

遗址：从历史、审美、人种学或人类学角度看，具有突出的普遍价值的人类工程或自然与人联合工程以及考古地址等地方[①]。

不难看出，这样的定义只强调了“文化”在实物层面上的体现，而忽略了“文化”本身的精神内涵，因此是比较片面的。随着认识的不断深入，人们发现文化遗产除了包含物质属性之外，其实还包含着一个民族、一个地区中，人类创造出的语言、文字、音乐、舞蹈、礼仪、技能等非物质层面的内容。而这些内容与文物建筑和历史遗迹一样，都体现了人类的创造力，因此具有同等重要的文化价值，需要加以重视和保护。于是，联合国教科文组织便在深入研究的基础上，提出了“非物质文化遗产”的概念，并对其进行了如下界定：

“非物质文化遗产”指被各群体、团体，有时为个人视为其文化遗产的各种实践、表演、表现形式、知识和技能及其有关的工具、实物、工艺品和文化场所[②]。

---

① 引自《非物质文化遗产概论》，北京师范大学出版社，2010。

② 原文为：The “intangible cultural heritage”means the practices, representations, expressions, knowledge, skill—as well as the instruments, objects, artifacts and cultural spaces associated therewith—that communities, groups and, in some cases, individuals recognize as part of their cultural heritage. 原文出自2003年，联合国颁布的《保护非物质文化遗产公约》。

同时，联合国还把非物质文化遗产划分成了5个方面，包括：

（1）口头传说和表述，包括作为非物质文化遗产媒介的语言；

（2）表演艺术；

（3）社会风俗、礼仪、节庆；

（4）有关自然界和宇宙的知识和实践；

（5）传统的手工技能。

2005年3月26日，我国颁布了《国家级非物质文化遗产代表作申报评定暂行办法》。其中对非物质文化遗产的概念做了重新定义：

非物质文化遗产指各族人民世代相承的、与群众生活密切相关的各种传统文化表现形式（如民俗活动、表演艺术、传统知识和技能以及与之相关的器具、实物、手工制品等）和文化空间。

另外，根据实际情况，我国还将非物质文化遗产的范围从5大类扩展成了6大类，它们是：

（1）口头传统，包括作为文化载体的语言；

（2）传统表演艺术；

（3）民俗活动、礼仪、节庆；

（4）有关自然界和宇宙的民间传统知识和实践；

（5）传统手工艺技能；

（6）与上述表现形式相关的文化空间。

所谓“非物质文化遗产”，就是与历史建筑、遗址遗迹、文物、艺术品、古籍等有形遗产相对应的无形遗产。它所涵盖的范围极广，包括了民族语言、民间文学、民间美术、传统音乐、传统舞蹈、戏剧、曲艺、杂技、手工技艺、生活习俗、岁时节令、民间信仰、民间知识、传统游艺等方方面面的内容。这些遗产并不是看得见摸得着的实体，而是靠一个地区、一个民族的人，通过口传心授的方式，一代代传承下来的知识、技能、习俗、信仰等。（图1-8）

图1-8(a)　各种非物质文化遗产

图1-8(b) 各种非物质文化遗产

了解了非物质文化遗产的概念之后，有些人可能会问，“这些不都是与我们日常生活息息相关的东西吗？如此司空见惯，我们有必要保护它们吗？”从一般常识来看，凡是要保护的东西，都会有两个显著的特点：一个是珍贵，另一个是处境堪忧。下面笔者就从这两方面来解读，为什么我们要保护非物质文化遗产。

先来说珍贵。人类的文化遗产有两种形态，即物质文化遗产和非物质文化遗产。物质文化遗产很好理解，历史建筑、遗址遗迹等都能划入其范畴。由于具有历史、文化、科学等多方面价值，而且存世极其稀少，因此我们说物质遗产是珍贵的。相对而言，由于缺乏物质性的量化标准，非物质文化遗产的价值经常被我们轻视甚至忽略。但事实上，与物质遗产相同，非物质文化遗产也是人类文明的伟大结晶。正如一些学者所说的，“上古先民在生产劳动实践中创造了语言、神话传说、史诗、音乐、舞蹈，在创造生产劳动工具和生活用具时创造了艺术、手工艺，在生老病死的磨难中进行着原始的医药实践，在与大自然的和谐共处中观察积累天文预测、数学等科学知识。在遥远的诗的年代里，人们用神话传说表达自己对自然力、生命力的朴素而又极具创造性的认识，用民歌反映远古社会生活，用皮影、剪纸表达自己的思想感情，表达生活中蕴含的哲理。以非物质文化遗产为代表的民间文化孕育了精英文化。通过口耳相传，先民们传承着、携带着丰厚、珍贵的原始活态文化跨入人类早期的文明之门。非物质文化遗产是科学之源的文化，是民族之根的文化，是每一个民族的母体文化[①]”。因而与物质遗产一样，非物质文化遗产也是一个民族、一个国家想象力和创造力的体现，所以它们具有同等重要的价值。

接下来再说处境堪忧。随着全球经济、科技一体化和现代化

① 引自《非物质文化遗产概论》，北京师范大学出版社，2010。

进程的加快，各种文化正在不断地相互激荡、交流和融合。非物质文化遗产作为活态的文化，受社会结构改变的影响及其本身存在的形态上的限制，正面临着前所未有的挑战。许多通过口头传承的知识体系、传统习俗和价值观念，在强势文化的冲击下，已经走向消亡。区域战乱、环境污染、自然灾害、气候变化也在不同程度上加快了消亡的速度。因此可以说，保护非物质文化遗产已经到了迫在眉睫的地步。

和世界上很多地方一样，我国非物质文化遗产的生存现状也不容乐观，主要问题包括以下几方面：

首先，在外来文化的冲击下，很多依赖口传心授方式传播的知识、艺术和技能正在不断消失。以传统戏剧为例，过去听戏曾经是百姓生活里最主要的文娱活动。但是随着广播、电视、电脑的普及，以及好莱坞电影和流行音乐的泛滥，传统戏剧的受众群正在迅速萎缩。失去了市场，戏班子便无法存活，于是各种演出团体纷纷解散，艺人们也开始转行从事其他营生。而今，伴随着从业者的衰老和传承的后继无人，很多传统剧种已经走向消亡。再如，鱼皮衣制作技艺是赫哲族最具代表性的传统手工艺，用这种方法制作的服装坚固耐用，独具民族特色。但由于加工工艺复杂、成本高昂等原因，传统的鱼皮材料正在被各种更加舒适、更加廉价的面料取代，因而这种传统手艺也在渐渐失传。（图1–9）

其次，一些地区存在重开发、轻保护的现象。在经济利益的驱使下，近年来很多地方都打着保护非物质文化遗产的幌子，从事旅游开发和商业炒作。这些商业行为没有合理的规划，只是一味地追求利益最大化。于是，市场上充斥着各种售价低廉的伪劣产品。恶性竞争不仅侵害了传承人的利益，降低了他们的创作积极性，更造成了社会对非物质文化遗产，乃至中国传统文化的误解和否定。

图1-9 独具特色的赫哲族鱼皮衣

最后，法律法规的建设步伐不能与非遗保护的紧迫性相适应。由于非遗的保护还没能全部纳入国民经济和社会发展整体规划,因此与之相关的一系列问题并未得到系统解决。这就造成了保护经费不足、专业人才匮乏、管理机构缺失等现状,进而影响了保护工作的开展。

通过相关背景知识的介绍,在对保护非物质文化遗产的重要性有了更深入全面的认识之后,我们才能真正理解"蒙古包营造技艺"入选国家级非物质文化遗产名录,对于保护草原文化、传承游牧文明有着多么深远的意义。事实上,除了"蒙古包营造技艺"

之外,“格萨尔”“蒙古族长调民歌”“蒙古族呼麦”“那达慕”等一系列蒙古族的民间艺术和传统习俗也先后入选了国家级非物质文化遗产名录,我们有理由相信,通过有识之士的不懈努力和保护经验的不断积累,历史悠久的草原文明将会生生不息,继续一代一代地传扬下去。

第二章 植根草原的建筑活化石

蒙古包是一种极为古老的建筑形式。虽然被冠以“蒙古”之名,但在成吉思汗称霸草原的很多年前它就已经出现了。因此堪称建筑中的活化石。

蒙古包的起源和演变颇为神秘，由于没有早期的遗址留存，至今学术界还是众说纷纭。一种比较普遍的观点认为,蒙古包是由原始的窝棚发展而来的。随后,经过匈奴、突厥、契丹、蒙古等游牧民族的不断完善,最终演变成了现在的模样。

第一节
蒙古包的起源

学术界一般认为,中国古代建筑(特指农业经济地区的建筑)的发展体系主要有两个:一个是以黄河流域为主的,由地穴、半地穴建筑演进为地上建筑的发展体系(图2-1);另一个是以长江流域为主的,由树居演进成杆栏建筑的发展体系(图2-2)。经过了漫长的交流,南北方的建筑技术与艺术最终融汇一堂,创造出了灿烂的中国传统建筑文化。

但是,蒙古包这种游牧经济的产物,由于并未留下早期的建筑遗迹,其产生与演变的过程目前还不能完全说清。不过从建筑结构和建造方法上看,它和一种最为原始的居所——窝棚有许多相似之处。因而我们可以大胆推测,二者之间必然存在某种亲缘关系。(图2-3)

窝棚的构造十分简单,先在地上插一圈树枝,再将树枝的顶端弯曲并固定,最后覆以树皮或兽皮,一座窝棚就建好了。对于早

图2-1　地穴建筑(引自《中国古代建筑史 第一卷》)

图2-2　杆栏建筑

图2-3　博物馆中模拟的原始窝棚

期人类来说，窝棚的出现极具历史意义。因为在此之前，他们大都只能栖身于天然的洞穴，通过狩猎、采集某一区域内的动植物来获取生活资料。但是动物的迁徙和植物的生长都会随着自然节律的变化而变化，这就造成了远古先民很难在终年都能获得稳定的食物来源。而窝棚的出现改变了这一切，由于有能力自主建造居所，人类开始跟随动物的迁徙而迁徙。这一方面保证了他们能获得比较充足的食物来源，更重要的是，人类探索世界的脚步得到了空前的拓展，这在很大程度上促进了早期人类文明的交流。

今天，我们依然能在一些渔猎民族中找到这种早期生活方式

的痕迹，而他们的建筑也都与原始的窝棚以及草原上的蒙古包有很多相似之处。在这些民族中，以我国的鄂伦春族和北美洲的苏族印第安人最具代表性。鄂伦春族主要分布在大小兴安岭地区，这里林木茂密，野生动物资源十分丰富，因此鄂伦春人自古就以狩猎为生。像远古先民一样，聪明的鄂伦春人创造出了一种独特的建筑，来适应游猎的生活，这就是"斜仁柱"（也叫"仙人柱"、"撮罗子"）（图2-4）。"斜仁柱"其实就是一种简易的帐篷，它的外观呈圆锥状。搭建时，先用三根木杆相互交叉咬合，形成三角形的基础框架，再依次将数十根木杆搭在框架周围，并固定在一起，最后在上面盖一层特制的桦树皮就大功告成。到了冬天，大山里的温度极低，仅靠树皮无法御寒。于是人们会在建筑的外围再覆盖一层厚实的皮围子。这种围子一般由三大块组成，呈扇面形，四个角上都有很长的皮带子，方便与木架固定。围子盖好之后，还要在上面压上木杆，并用干草和土把地面周围的缝隙堵严实，这样刺骨的

图2-4 林海中的斜仁柱

寒风就被完全隔绝在室外了。每到迁徙的时候,猎人会把桦树皮和皮围子打成捆带走,至于那些木杆,森林里俯拾皆是就留在原地。

说到苏族印第安人,如果你看过电影《与狼共舞》的话,就不会对他们感到陌生。这些勇敢彪悍的猎人追寻着野牛的足迹,在广袤的草原上年复一年地上演着壮阔的游猎史诗。说来有趣,他们居住的一种名为"蒂皮"(Teepee)的帐篷和鄂伦春人的"斜仁柱"几乎一模一样(图2–5)。据说,它们就是随着亚欧大陆的早期人类通过白令陆桥被带到美洲的。于是千百年来,这种原始而实用的建筑始终伴随着苏族人迁徙的脚步,几乎没发生过任何改变。(图2–6)

无论是斜仁柱还是蒂皮, 它们都堪称建筑史上的活化石,这不仅是因为这些建筑可以被看成蒙古包的雏形,更因为它们所代表的是一种正在被人淡忘的、却又顽强延续的文化形态。从这个层面上看,它们的价值是巨大的,我们应当重新审视和深入研究。

值得注意的是, 建筑文明的产生本身存在多源性的特点,所以在承认窝棚、斜仁柱以及蒙古包存在亲缘关系的同时,我们还应该放开眼界,在浩如烟海的历史资料中寻找其他那些可能促使蒙古包产生的"基因"。

众所周知,在距今六、七千年的时候,我国北方的黄河流域和南方的长江流域率先出现了原始农业经济。刀耕火种的生产方式能够为人类提供相对稳定的生活资料, 于是人们不再辗转游猎,而是开始定居下来。由于当时的生产力还不发达,因此在很长一段时间里,原始农业和采集、渔猎、畜牧等生产部门始终紧密联系在一起,呈现出相互补充、相互完善的结构特征。逐渐的,伴随着生产力的发展,人类改造自然的能力得到了空前的拓展。加之在距今大约5000年以前,全球的气候比较温暖,非常适合农业的发展。因此在那段时期里,包括内蒙古地区在内的我国很多地方,都

图2-5　《与狼共舞》的电影海报，背景中的就是蒂皮

图2-6　印第安人的蒂皮

先后出现了比较发达的农耕文明，以及与之相伴产生的原始聚落。但是，到了距今3500年前后，“中国北方经历过一次变干且变冷的过程，随着气候变冷、变干，温性森林减少，草原扩大，那些原本在草原与农耕区的边缘地带生长的农作物，渐渐失去了生存条件，而面对环境变化牛、羊等牲畜却具有较强的适应能力①”。于是，生活在这里的人们不得不放弃农业，转而发展起了游牧业（游牧型畜牧业）。在各种非农业生产类型中，游牧业起步较晚。它脱胎于原始农业，但却呈现出完全不同的特征。与半农半牧地区的放养型畜牧业不同，游牧业的畜养规模很大，仅靠聚落周围地区的资源无法满足牲畜巨大的食物需求。为了解决这一问题，牧人必须到更广阔的环境中去获取资源。逐渐的，他们开始摆脱农业聚落的束缚，深入茫茫草原，过起了逐水草而居的生活。所以我们有理由相信，农业经济地区的建筑同样有可能对蒙古包这种游牧经济的产物起到过至关重要的影响。

在远古时期，北方草原居民的生产生活方式曾经经历过由狩猎、采集，到原始农耕，再到原始游牧的变迁。他们的居住形式也由简陋的窝棚进化为聚落中的房屋，并最终演变成了符合游牧需要的蒙古包式建筑②。当然，其间的过程远不是一两句话就能说清的，但是由于本书探讨的重点并不在此，因而不再冗述了。

---

①引自《朱开沟——青铜时代早期遗址发掘报告》，文物出版社，2000。

②此时的建筑在造型、结构等方面与蒙古包有相似之处，但尚不成熟，因此将其称为“蒙古包式建筑”或“毡帐建筑”。

第二节 蒙古包的历史和现状

从某种意义上讲，中华民族的历史就是农耕民族与游牧民族对立、交融的历史。几乎在历朝历代的史籍中，我们都能找到关于蒙古包式建筑的描述。早在秦汉时期，匈奴人是北方草原的霸主。《史记·匈奴列传》中就有“匈奴父子乃同穹庐而卧”的记载。其中，简单的“穹庐”二字已经清晰地勾勒出了当时建筑的形象，即带有穹隆顶的房子。而在西汉桓宽著的《盐铁论·论功》中对穹庐还有“织柳为室，毡席为盖”的描述。这说明几千年来，游牧民族一直在沿用相同的材料建造蒙古包式建筑。综合上述文字我们已经可以断定，至迟在西汉时期，穹庐的形制就已经基本成形了。（图2-7、图2-8）

魏晋南北朝时期，拓跋鲜卑统一北方。公元492年，南朝齐武帝遣使臣出使北魏。当时的使节曾对鲜卑人的帐篷有过这样的记载：“以绳相交络，纽木枝枨，覆以青缯，形制平圆，下容百人坐，谓之‘繖’，一云‘百子帐’也”。从中我们不难看出，当时百子帐的形制已经非常成熟，而且规模也很大了。这些帐篷不仅是游牧民族日常起居的居所，而且在重要场合时，还被当成宴请外国使节的厅堂，其重要作用可见一斑。

到了公元6世纪中叶，“突厥汗国势力壮大，成了蒙古草原的主人。最强盛时，突厥汗国疆域东起大兴安岭，西至撒马尔罕和布

图2-7　内蒙古自治区阴山格尔敖包沟岩画中的穹庐形象(引自《蒙古民族文物图典——蒙古民族毡庐文化》)

图2-8　南匈奴彩棺上的穹庐形象(引自《蒙古民族文物图典——蒙古民族毡庐文化》)

拉哈的铁门,南自沙漠以北,北包贝加尔湖,东西万里,南北五六千里①。"与其他北方少数民族一样,他们以毡帐为家、食肉饮酪、善于骑射,过着逐水草而居的生活。关于突厥人帐篷的记载也有

①引自《中国断代史系列——魏晋南北朝史》,上海人民出版社,2003。

很多，如《隋书·突厥传》中就说，突厥人“穹庐毡帐，随水草迁徙，以畜牧射猎为务”。《太平广记》引《谈薮》也说突厥“肉为酪，冰为浆，穹庐为帐，毡为墙”。（图2-9、图2-10、图2-11）

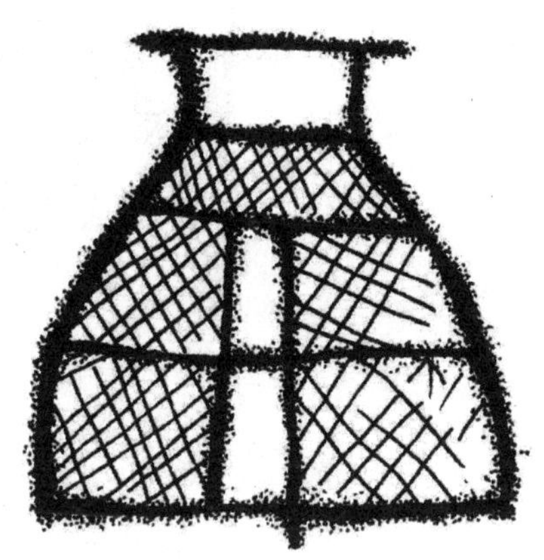

图2-9　内蒙古自治区阴山支脉狼山石壁上凿刻的穹庐形象，风格为唐代或唐代以后的式样

图2-10　蒙古包产生以前，不同时代的毡帐建筑示意图A

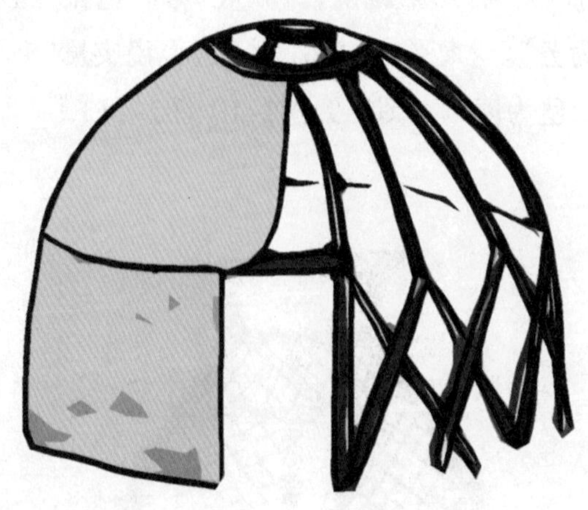

图2-11 蒙古包产生以前，不同时代的毡帐建筑示意图B

除了上述民族，北方草原还先后经历了东胡、柔然、契丹、女真等势力的更替。到了蒙元时期，来自北方的劲旅——蒙古人终于建立起了横跨欧亚的庞大帝国。

在很长一段时间里，蒙古人以一种名叫“古列延”的组织形式进行游牧。“古列延”即“圈子”之意，许多蒙古包在原野上围成一个圈子驻扎下来，这就是一个古列延。这种游牧方式具有重要的现实意义，生活在草原上的牧民虽然可以自由驰骋，但也会遇到很多危险，比如冬季的雪灾、野兽的侵袭，甚至是外族的袭击。十几户、几十户人家组织在一起，形成一个生活团体可以提高他们抵御风险的能力。经过长时间的共同生活、分工协作，部族的势力逐渐壮大，古列延的数量和规模①也得到了增长。到了成吉思汗时期，他整编了十三古列延，并将其设立成一种军事单位：平时百姓

①一个大古列延是由很多小古列延组成的。

图2-12-1　旅游景点里模拟大汗出征的雕塑群

跟随大汗游牧，战时全民皆兵，形成一个以大汗为核心，贵族、士兵层层环绕的圆形战阵，从而组成攻守兼备的体系。（图2-12-1）

图2-12-2　成吉思汗像

1206年，成吉思汗在斡难河畔登上大汗宝座（图2-12-2）。为了巩固统治，他首先建立了自己的中央古列延，即以大汗为核心、禁卫军环绕的古列延。同时，又把全部蒙古牧民划分成95个千户，每个千户都有各自的游牧范围。千户里的牧民对那颜①有人身隶属关系，不能随意离

①即“官员”、“贵族”之意。

开。这95个千户可以被看成是95个以那颜为核心的古列延。为了方便管理，千户之下又细分成了百户、十户等更小的古列延。于是，一个以中央古列延为核心，千户古列延为外延的国家就此诞生。

这一时期，蒙古族将蒙古包的制作水平发展到了空前的高度。在南宋彭大雅撰写、徐霆注疏的《黑鞑事略》中对当时的蒙古包有这样的描述："穹庐有两样：燕京之制，用柳木为骨，正如南方，可以卷舒。面前开门，上如伞骨，顶开一窍，谓之天窗，皆以毡为衣，马上可载。草地之制，以柳木织成硬圈，经用毡挽定，不可卷舒。车上载行，水草尽则移，初无定日。"通过这段文字我们不难发现，当时的蒙古包有两种式样：一种是可以拆卸，由牲畜运载的蒙古包；另一种是不能拆卸，搭建在车上的蒙古包。其中前面的那种一直流传至今，而后面那种由于是大游牧的产物，后来随着生产生活方式的转变，已经退出了历史的舞台。（图2-13）

在当时，蒙古包不仅是普通牧民的居所，而且也是大汗的宫殿，只不过它的规模要大上许多。大汗居住的蒙古包叫"斡耳朵"，

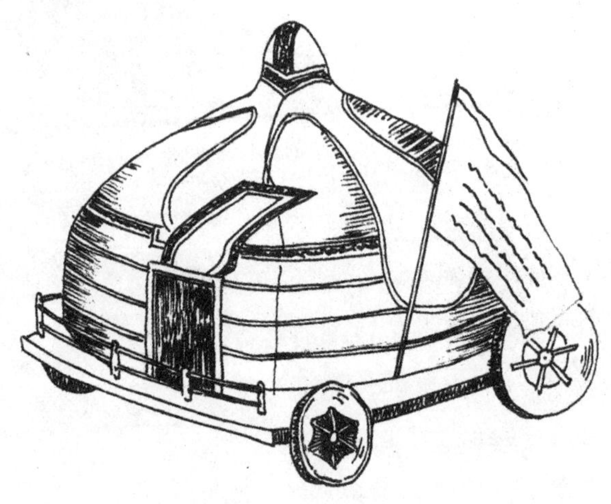

图2-13　车载式蒙古包（引自《蒙古族传统文化图鉴》）

图2–14　博物馆中模拟的大汗宫帐

翻译过来就是“宫帐”、“金帐”的意思。斡耳朵是一种令人叹为观止的大型蒙古包，南宋徐霆在出使蒙古时，对其有这样的记载：“霆至草地时，立金帐，其制则是草地中大毡帐，上下用毡为衣，中间用柳编为窗眼透明，用千余条线曳住，阈与柱皆以金裹，故名。”(图2–14)除了固定的宫帐以外，斡耳朵同样也有车载的形式。法国人威廉·鲁布鲁乞在《东游记》中就曾记载：“帐幕做得很大，宽度可达三十英尺。在地上留下的两道轮迹之间的宽度为二十英尺。帐幕放在车上时，伸出车轮两边之外各有五英尺。一辆车用二十二头牛拉，十一头牛排成一横排，两排在车前拉车。车轴之大，犹如一条船的桅杆。”(图2–15)从上述的文字中我们可以看出，为了显示大汗的权利和财富，斡耳朵不仅描金画银、装饰华丽，而且规模更是大得惊人。根据估算，一般的斡耳朵至少能同时容纳上百个人，而马可·波罗更是声称见过能容纳上千人的巨型宫帐，这

图2–15　蒙古汗国时期大汗的车载式宫帐（引自《蒙古族图案》）

实在让人感到匪夷所思。（图2–16）

毫不夸张地说，蒙古族集北方游牧民族建筑技术之大成，将蒙古包的建造水平推向了新的高度，其气势之恢宏、工艺之精湛都达到了前所未有的境界。

在13世纪上半叶，骁勇的蒙古铁骑相继灭了西辽、西夏、金、大理等国，国力达到鼎盛。但是在1259年，大汗蒙哥暴毙，这一变故引起了一系列残酷的权利斗争，并最终导致蒙古汗国的分裂①。1263年，元世祖忽必烈定都上都（今内蒙古自治区正蓝旗东），1272年，又迁都大都（今北京）。自此，元朝的统治中心从北方草原向中原转移。元朝建立以后，蒙古贵族深受中原文化的影响，大肆兴建了很多庙堂宫殿。但即便如此，蒙古包依旧是他们最重要的一种建筑形式，并被一直保留了下来。

①蒙古汗国分裂成了元朝的前身——大汗之国和四大汗国。四大汗国在名义上服从大汗之国，但实际上却各自为政。

图2-16　《觐见蒙古大汗图》，伊朗人志费尼所著《世界征服者史》中的插图。画中窝阔台汗坐于宫帐前的宝座上接见使者。（引自《蒙古民族文物图典——蒙古民族毡庐文化》）

1368年，明太祖朱元璋建立明朝，同年明军攻陷大都。从此元政权便退居漠北，与明朝对峙，史称北元。在这一时期里，蒙古人完善了蒙古包的建造技术。到了17世纪前后，蒙古的所有部族先后归顺了逐渐强盛起来的清朝政府。之后，清政府对蒙古各部分而治之，并用盟旗制度限定了贵族的领地。于是，过去那种逐水草而居的大游牧生活方式消失了。牧民们只能以浩特①为单位，在固

①浩特是古列延的一种形式，不过它的规模很小，一般只有几户人家。下盘时，蒙古包、车辆、牲畜等围成一个圆形，以防野狼的侵扰。

定的地盘里进行四季流动放牧，这也就是所谓的小游牧。

与历史上的其他政权不同，清朝政府历来特别重视与北方少数民族，尤其是蒙古族的关系。入关之后，为了巩固自身权力，维系辽阔的版图，清朝的历代皇帝都极力拉拢蒙古贵族，并在政治、文化、军事等方面予以特殊的政策。

自康熙帝以来，清政府每年都会在皇家猎苑——木兰围场(位于今内蒙古与河北省接壤处)中举行盛大的木兰秋狝。其中的“木兰”是满语，意为“哨鹿①”，“秋狝”是秋天打猎的意思。虽然字面上看似直白，就是帝王行猎的一种娱乐活动，但事实上，木兰秋狝却有着极其重要的政治和军事意义。正如嘉庆皇帝所说：“秋狝大典，为我朝家法相传，所以肄武习劳，怀柔藩部者，意至深远。”一方面，通过围猎活动可以锻炼八旗官兵的骑射本领，使之保持骁勇善战的本色。另一方面，清帝可以借行围狩猎之名，定期接见蒙古各部的王公贵族，以便进一步巩固和发展满蒙关系，加强对蒙古的统治。

由于意义重大，因此清朝皇帝格外重视秋狝大典，每每赐宴外藩的时候，都会将会场安排在巨大的蒙古包里，好让各部藩王产生宾至如归之感。这种蒙古包称作“大幄”或“武帐”，英国副使斯当东曾对其有这样的记载：“在花园当中有一庄严的大幄，四周架着金色油漆的支柱。大幄搭的帆布并不跟随大幄绳子一直倾斜到地面上，而是在半道垂直悬挂下来，上半段帆布做成大幄顶。大幄当中设有宝座。大幄四周都有窗户，外面阳光透过窗户集中射到宝座。面对宝座有一个宽阔开口，从那里突出一个黄色二重顶帷帐。大幄内的家具非常文雅而不故意显示额外奢华。大幄的前面竖起几个小的圆形帐篷。一个小的长方形帐篷竖在大幄的后

①即模仿鹿鸣叫的声音，将其他的鹿吸引来，并进行狩猎的方法。

面，里面有床，是为皇帝临时休息准备的。帐篷四外陈列着各式欧洲和亚洲的短枪和佩刀。大幄前面的小圆帐篷，其中之一作为使节团等候皇帝的休息地方。其余几个是为等候在热河准备向皇帝祝寿的各属国君主和外藩使臣设置的。①"（图2-17）

图2-17　清代《万树园赐宴图》，故宫博物院藏。（引自《蒙古民族文物图典——蒙古民族毡庐文化》）

①引自《建筑史论文集 第17辑》中的《清代离宫中的大蒙古包筵宴空间探析》。

除此之外，嘉庆年间的礼亲王昭梿在《啸亭杂录》中，也对木兰秋狝里的“大蒙古包宴”有这样的记载：“乾隆中廓定新疆，回部、哈萨克、布鲁特诸部长争先入贡，上宴于山高水长殿前，及避暑山庄万树园中，设大黄幄殿，可容千余人。其入座典礼，咸如保和殿之宴，宗室王公皆与焉。上亲赐卮酒，以及新降诸王、贝勒、伯克等，示无外也，俗谓之‘大蒙古包宴’。嘉庆八年，今上以三省教匪告蒇，亦循例举行焉。”（图2–18、图2–19）

图2–18　清代《凯宴成功诸将》，内蒙古博物馆藏。（引自《蒙古民族文物图典——蒙古民族毡庐文化》）

图2–19　清代《乌什酋长献城降》，内蒙古博物馆藏。图中描绘了军事用途的蒙古包阵。（引自《蒙古民族文物图典——蒙古民族毡庐文化》）

从这些记录中我们可以看出，在水泉清冽、草木茂盛的皇家苑囿中，清朝皇帝直接把关外的风光引入其中。若干尺度不一的蒙古包被巧妙地布置在一起，营造出了既庄严，又不失轻松的独特仪典氛围。在这里，蒙古包的使用拉近了同是游牧民族的统治者与被统治者之间的距离，因此它的作用已不仅是举办仪式的会场，更升华成了体现文化认同的一种重要符号，足见清朝政权用心之良苦。

如果说清朝统治者建造蒙古包是为了满足政治需要和猎奇心理的话，那么蒙古人建造蒙古包则完全是出于实用的目的。在清代，无论是蒙古贵族还是普通牧民都居住在蒙古包里（一些贵族也有自己的府邸），它们的形制大体相同，只是在规模和装饰的华丽程度上反映出等级的差异。当然，有些别出心裁的王爷也会将中原建筑的元素融入蒙古包中，比如在门前加建一个悬山门廊，或是在包顶加建一个攒尖顶的天窗，等等。（图2-20、图2-21）

图2-20 二十世纪初，西苏尼特旗德王府的蒙古包。为了显示主人的地位，蒙古包前修建了一座悬山门楼。（引自《蒙古民族文物图典——蒙古民族毡庐文化》）

图2-21　带有攒尖顶的蒙古包

从清朝开始，随着大量农民的涌入，蒙古地区的很多草场被开垦为耕地。而后来的北洋政府不但继承了清末的放垦政策，更变本加厉地执行了“蒙地汉化”的政策，制定了很多奖励开垦的法令。近百年的拓荒使得游牧经济基础日渐薄弱，不少地区的生产方式由牧业为主转变成了农业为主，兼营牧业的格局。在这些地方，人们开始定居下来，蒙古包也逐渐被砖木建筑和土坯建筑所取代。（图2-22）

新中国成立以来，内蒙古自治区的经济、文化中心由牧区转向城市，人民的生活水平有了质的飞跃。但是，经济的发展同样带来了问题，随着全球化趋势的增强和社会的急剧变迁，蒙古族（包括其他少数民族）的民族特征正在逐渐褪色。走在自治区的任何一座城市当中，高耸的楼宇和宽阔的街道比比皆是，趋同似乎已经成为城市发展无法避免的宿命。

与千城一面的城市相类似，草原也丧失了最动人的风景。伴随着生产生活方式的转变，以及退牧还草等政策的出台，游牧在大部分地区早已变成了过去式。上世纪80年代起，自治区把草场

使用权承包给了个人，牧民用铁丝网围起了草库伦（意为“圈子”），守着眼前十几平方公里的草场放牧。游牧的大环境消失了，蒙古包自然也就不见了。如今行驶在公路上，分割草库伦的铁丝网和运输物资的大货车成为点缀草原的最常见却也最刺眼的景物，而奔驰的骏马、洁白的羊群，还有诗情画意的蒙古包则成了只能在歌曲中追忆的“天堂”。

今天，除了在偏远的牧区之外，我们很难再见到原汁原味的传统蒙古包。造成这一现象的原因很多，一方面，随着外来文化的冲击，传统的草原文化正在逐步丧失赖以生存的空间。不会骑马，不识蒙文，不会搭建蒙古包的青年人不在少数。另一方面，蒙古包的供求结构发生了改变。在过去，对蒙古包的需求主要来自牧民，这就使得建筑保留了较多的传统元素。但在今天，大多数牧民已经开始定居，他们一般只在夏季倒场时才会短暂居住在蒙古包里，因此需求量锐减。与之相反，由于旅游产业的蓬勃发展，各个

图2–22　蒙古牧民的土坯建筑

景区的大小老板成了蒙古包厂的最大客户。出于节约成本的目的，很多传统的做法被所谓的新兴做法取代，比如用冰冷的焊接钢管代替沉稳的木架，用乏味的帆布代替温暖的毛毡，等等。如果我们在国内最著名的电子商务网站中对“蒙古包”进行搜索就会发现，虽然相关结果有近7000条之多，但绝大多数商家所提供的正是这种被冠以“新式”、“现代”之名的冒牌货。从这个侧面我们不难看出，旅游开发商逐利的心理正在使蒙古包及其文化遭受进一步的破坏。

如今，对蒙古包营造技艺的保护、对草原文化的保护已经到了刻不容缓的地步。正因如此，“蒙古包营造技艺”、“格萨尔”、“蒙古族长调民歌”等一系列非物质文化遗产入选国家级名录才让人感到那么欢欣鼓舞。文化遗产是一种不可再生的宝贵资源，对其进行保护不仅反映了人们对一种可能消失的美学概念的眷恋，更体现了一种对正在褪色的民族特征的关切。值得庆幸的是，在国家的大力倡导下，现在有不少高学历的年轻人毅然放弃了安逸的城市生活，重新投入到草原的怀抱当中，用自己的行动坚守着传承千载的悠久文化。相信国家对非物质文化遗产的重视将成为一个契机，让更多的人关注并重新审视自己的传统。当然，我们的目的并不是为了留住历史，更不是为了回到过去。我们真正要做的是以深厚的传统文化为根本，从中汲取丰富的营养，开拓创新，进而真正实现新时代文化的大发展和大繁荣。

第三章 蒙古包的形制和构造

您可能没听说过侗族的鼓楼、黎族的船屋，但是提到蒙古包，那绝对是妇孺皆知的。可以毫不夸张地说，蒙古包就是草原文化的一个象征，是草原勇士用粗犷的创作手法，营造出的最精致的建筑。

这本书的写作目的是记录蒙古包的营造技艺并介绍与之相关的文化。为了能使读者更好地理解，我想先从蒙古包的物质形态写起。有人可能会问，“既然是介绍非物质文化遗产的书籍，又写那么多物质层面的内容，这不是自相矛盾吗？”事实上并非如此，虽然在历史文化的长河中，有一部分非物质文化遗产确实可以通过纯粹的非物质形态得以保存（如口头文学等），但另一部分本质上属于实践的遗产，却需要通过“附着”在一定的物质上才能得以呈现。也正因如此，在非物质文化遗产的定义中才又补充了“有关的工具、实物、工艺品和文化场所”这部分内容。有专家指出，“所谓的工具、实物、工艺品以及文化场所，本身并不是非物质文化遗产，而是非物质文化遗产所涵盖的技艺、表演的展现、传承必须通过这些工具、实物、工艺品以及文化场所来辅助完成，所以，从这个意义上讲，即使这些物品具有物质性，但并不影响非物质文化遗产的非物质性[①]。”

---

①引自《非物质文化遗产概论》，北京师范大学出版社，2010。

第一节
蒙古包的种类

在人们的一般观念里，蒙古包是一种有着圆形平面和穹隆形顶子的帐篷。的确，这就是蒙古包最经典的形象。但事实上，蒙古包的种类和形制要比这来得更加丰富多样。从功能上划分，蒙古包可以分成车载式和固定式两大类。顾名思义，车载式蒙古包是安装在车辆上的，它的特点是不可拆卸，但是能为长途迁徙提供较舒适的起居空间。前面已经介绍过了，法国人威廉·鲁布鲁乞在《东游记》中记载过用二十二头犍牛拉的大汗蒙古包。意大利的旅行家加宾尼也对这类蒙古包有过记载："这些帐幕，有一些是大的，其他一些是小的，视其主人地位的贵贱而定；有些帐幕能够迅速拆开并重新搭起来，并以牲畜驮运；有些帐幕则不能拆开，而需以车搬运。以车搬运时，较小的帐幕，一头牛就足够了，较大的帐幕，则须三头、四头或甚至更多的牛，根据其大小而定。"可见，车载蒙古包在古代是一种十分常见的建筑。到了明清以后，随着蒙古人大游牧条件的消失，以及长途征战的减少，这种车载式蒙古包逐渐退出了历史的舞台。今天，我们只能在博物馆中见到它们的仿制品了。

现在最为我们所熟悉的是固定式蒙古包，它又可以分成尖顶（或称高顶）和圆顶两种形式。尖顶蒙古包因其包顶高耸得名，它们的陶脑起拱较大，乌尼杆也很长。仅陶脑和乌尼的高度加在一

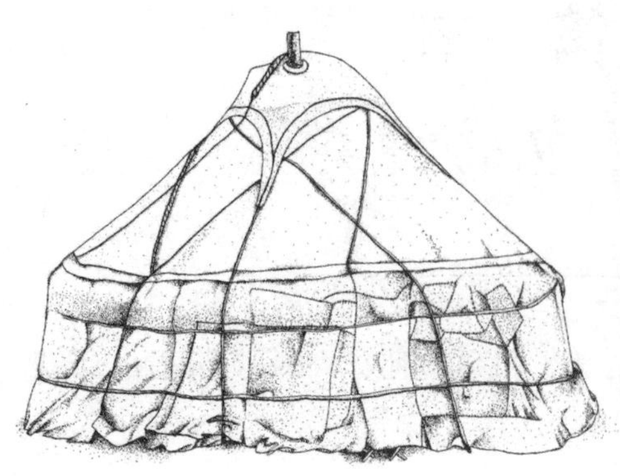

图3-1　尖顶蒙古包

图3-2　圆顶蒙古包

起,就比一般的圆顶蒙古包还要高出不少。为了进一步提升室内的高度,尖顶蒙古包乌尼的下端被做成了弯曲的形状,这样就使它的外观更显挺拔了。在十六世纪以前,蒙古人使用的主要就是这种蒙古包。时至今日,它仍被新疆地区的蒙古族、维吾尔族和哈萨克族使用,所以也被称为哈萨克式蒙古包(图3-1)。与尖顶蒙古包比起来,圆顶蒙古包的外形低矮而浑圆。如今,这种蒙古包主要分布在内蒙古自治区、青海省、甘肃省以及蒙古国境内,常被称为蒙古式毡包。(图3-2)

不管是尖顶蒙古包还是圆顶蒙古包,它们的构造、建筑材料、建造方法基本上都是相同的,只是在一些细部做法和装饰题材上,不同地区会有各自的特色。

第二节
蒙古包的构造

前面已经讲过，蒙古包的结构可以分成木架结构体系，毛毡体系和绳索体系三部分。下面分别对它们作详细介绍。

一、木架结构体系

木架结构是蒙古包的骨架，起到承重的作用。它的构件种类并不多，最主要的就是陶脑、乌尼、哈纳三种。除此之外还有木门、柱子等部分。

1.陶脑

陶脑，也就是我们常说的天窗，主要起到通风、采光、排烟等作用。由于位于建筑的正中心，而且高度最高，因此在蒙古包中陶脑具有很神圣的地位，装饰也最为华丽。

圆形的陶脑中心隆起，造型有点像个大锅盖。这样的设计在结构上是有好处的。我们都知道在抬梁式①建筑中，房梁是承载屋面荷载的主要结构。也就是说，上架的童柱、檩子、垫板、枋子、椽子以及整个屋面的重量全都压在大梁之上。这就要求房梁的木料

①抬梁式结构是我国木构建筑的一种主要结构体系，多见于北方及官式建筑中。它的特点是柱子上放置梁头，梁头上搁置檩条，梁上再用矮柱支起较短的梁，如此层叠，形成建筑的框架。

必须粗壮结实，一般的高度进深比至少也要达到1:9。在蒙古包中，陶脑的功能与房梁类似，也是承载屋面的荷载。虽然覆盖其上的毛毡自重并不大，但若是遇到雨雪，包顶的重量就会陡然增加，因此对构件的强度还是有较高要求的。对于游牧民族来说，建筑的稳固和搬迁的方便有着同等重要的地位，所以所有构件都必须既足够结实又不能太过粗笨。陶脑穹隆形的结构特点刚好完美地解决了这对矛盾。当顶部受到外力时，力并不会集中在一点，而是沿着弧面传导到下面的乌尼上。这样既能避免构件的断裂，也能减少用料的厚度，实在是一举两得的聪明办法。

陶脑的产生与演变经历了一个漫长的过程，如今还能见到的式样主要有5种，分别是转经筒陶脑、有颈陶脑、十字形陶脑、插接式陶脑以及乌尼连接式陶脑，而且每种式样还有很多的变体。

(1)转经筒陶脑。转经筒陶脑是陶脑发展过程中的早期式样，如今已经非常少见了。它由一个圆形框架和三根斜搭的木棍捆扎而成，由于形状与藏传佛教中的转经筒有些相似，因而得名。这种陶脑简单耐用，搬运方便，一般用在体量小且没有柱子的蒙古包中。(图3-3)

图3-3 转经筒陶脑

(2)有颈陶脑。有颈陶

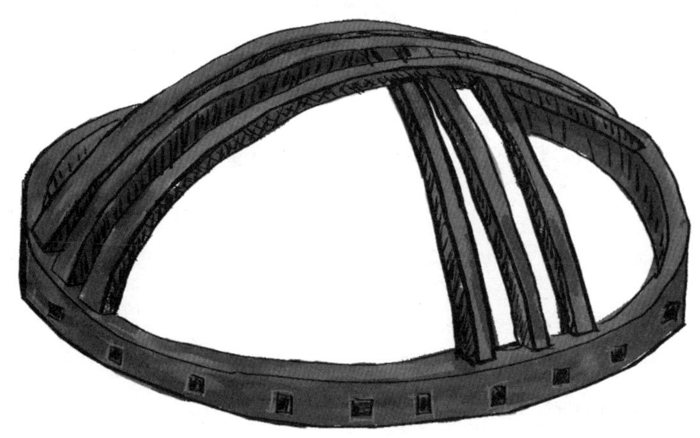

图3-4　十字形陶脑

脑也是比较原始的式样，它有两种形式：一种是把四根柳条相互交叉重叠，形成一个"米"字形。柳条的外端向下弯曲，然后再用其他柳条将它们横向绑扎在一起，形成一个下大、上小，形如倒扣的筐的式样。另一种是用有一定厚度的木条，做成一大一小两个圆圈。圆圈的周边打上小孔，然后用木棍将两个圆圈竖着穿在一起，变成一个底大口小的桶状框架。下面大圆圈的四周另外有孔，用来插接乌尼。

(3)十字形陶脑。十字形陶脑(或称井字形陶脑)主要流行于新疆地区，是尖顶蒙古包常用的式样。这种陶脑构造简单，用三横三竖(或四横四竖)的柳条十字交叉，然后弯曲固定在一个圆形的木圈之上。十字形陶脑的起拱很大，一般接近60 cm，这比蒙古式的陶脑高出一倍还不止，因此搭建出来的哈萨克毡包显得格外高耸。(图3-4)

(4)插接式陶脑。插接式陶脑是我国内蒙古地区和蒙古国境内比较常见的一种式样。它由木料榫接而成,主体结构是一大一小两个木质同心圆。从侧面看,大圆在下,小圆在上。两个圆圈用一主、一辅两根弓形木块十字固定。木块的长度等于大圆的直径,相当于是陶脑的两道梁,因此一般习惯称东西走向的为“主梁”,南北走向的为“辅梁”。除此之外,在两道梁形成的90°夹角之间,还另有4根短木枋(或称半梁),将大小两个圆圈牢牢固定在一起。这些木枋也是弓形的,不仅能把木圈撑得更圆,而且还增强了陶脑的稳定性和抗压能力。(图3–5)

(5)乌尼连接式陶脑。上面介绍的4种陶脑都是单独的木构件。每次搭蒙古包时,需要把乌尼分别插入陶脑外侧对应的孔中,才能将二者固定。但是还有一种乌尼连接式陶脑就省去了这样的麻烦。顾名思义,这种陶脑是和乌尼杆连在一起的。它由两个半圆形组成,搬迁的时候两部分分别放置,搭蒙古包时将二者榫在一起,就形成了一个完整的陶脑。从外观上看,合并起来的乌尼连接式陶脑与插接式陶脑十分相似。不过如果仔细观察就会发现,这种陶脑的大圆周上并没有预留插接乌尼的卯眼,取而代之的是一圈打孔的小木块。使用这种陶脑的蒙古包,其乌尼杆的顶端也留有圆孔。在前期制作的时候,牧民会用皮绳把陶脑和乌尼穿在一起。这样以后搭起蒙古包来,便可省去插乌尼的工序,只需将两个半圆固定好,再逐一往哈纳头上挂乌尼即可。(图3–6)

陶脑的规格根据蒙古包的大小而定,一般四哈纳的蒙古包陶脑直径在120 cm左右, 五哈纳蒙古包的陶脑直径约为140 cm,六哈纳蒙古包的陶脑直径能达到160 cm以上。当然这些只是近似值,因为在制作过程中,匠人大都用“拃”(拇指和中指伸开后的间距)而非厘米作为计量单位,加之各地区的制作工艺也有所区别,所以陶脑的规格也就各不相同。(图3–7)

图3-5　插接式陶脑

图3-6　乌尼连接式陶脑

图3-7　十分罕见的陶脑式样

图3-8　金刚杵陶脑（引自《蒙古民族文物图典——蒙古民族毡庐文化》）

在蒙古包的各种木构件当中，陶脑的装饰是最为华丽的。最简单的做法是遍涂红色。稍微讲究一些的，会在上面描绘各种几何图案、植物卷草等等。由于蒙古族受藏传佛教的影响较大，因此在装饰中，佛教的吉祥图案，如金刚杵、莲花等就成了经常使用的题材（图3-8）。在王公贵族的蒙古包里，陶脑的装饰只能用奢华二字来形容。比如有些会被雕刻成四龙戏珠的造型，龙的身形沿木圈蜿蜒翻腾，龙首、龙尾置于东西南北四个主梁上，龙珠点缀在陶脑的中心，形成很强的向心构图。（图3-9）

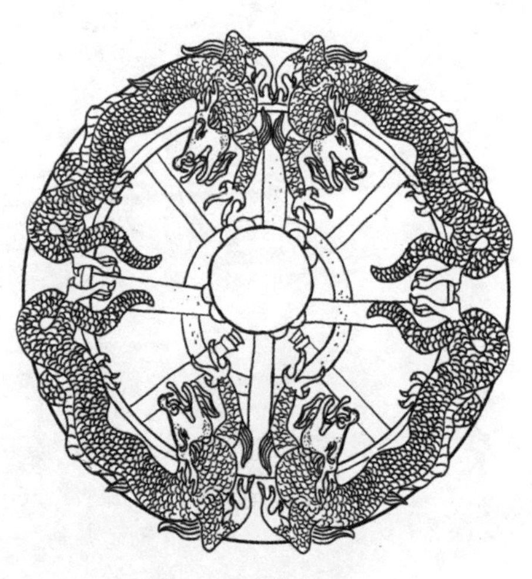
图3-9　四龙戏珠陶脑

2.乌尼

乌尼是支撑陶脑并与哈纳连接的长木杆子，功能类似于一般建筑中的椽子，只是它的上面铺的不是望板和瓦，而是毛毡。乌尼的式样比较简单，主要有两种：一种是直的，另一种是上直下弯的。圆顶蒙古包使用直杆乌尼，这样能使建筑的外形饱满，比例适宜；尖顶蒙古包多用弯腿乌尼（卫拉特蒙古人的尖顶毡包也使用直杆乌尼），这样能够增加建筑顶部的高度，人在里面会更加舒适。

一座蒙古包的几十根乌尼都要使用相同的木料制作，长短粗细也应基本一致。它的上端被削成方头，长度约为总长的三分之一。如果是十字形陶脑或插接式陶脑的蒙古包，其乌尼顶端的横截面应与陶脑上的插孔尺寸一致，否则二者的连接就可能松动，影响蒙古包的整体稳定性。如果是乌尼连接式陶脑的蒙古包，则乌尼的侧面要打眼儿，并与陶脑用皮绳固定在一起。不管哪种蒙古包，乌尼的下端都要打孔。其中直杆乌尼的孔里穿缀绳环，可以直接挂在哈纳头上。弯腿乌尼的孔里穿一条毛绳，搭建时要将其捆绑在哈纳上。（图3–10）

乌尼的长度直接影响蒙古包的外形。乌尼长，毡包就高而尖；乌尼短，毡包就矮而圆。对于圆顶蒙古包来说，直杆乌尼的长度大约是陶脑直径的1.5倍。也就是说，一座六哈纳的蒙古包，乌尼的长度约是240 cm。而对于尖顶蒙古包来说，弯腿乌尼的长度能达到

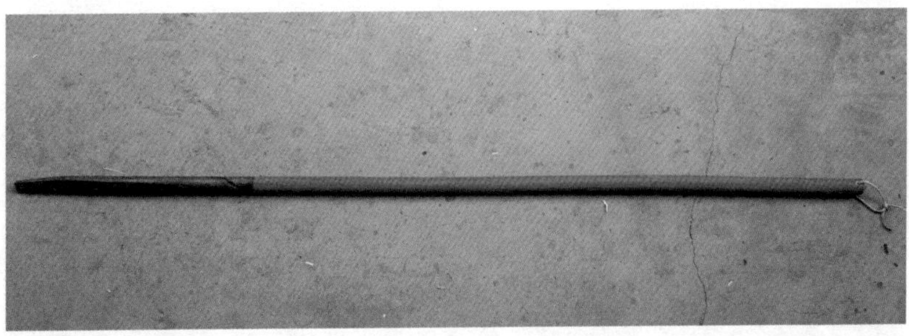

图3–10　直杆乌尼

300 cm以上。

乌尼一般以红色打底，装饰重点在上部(乌尼头)。装饰的题材和色彩要与陶脑、柱子等保持一致。常见的纹样包括卷草纹、云纹、箭尾纹等，有时还会在上面饰以浮雕和铜饰。由于乌尼的伞骨状结构具有极强的向心性和韵律感，加之装饰自下而上逐渐繁复，因此视觉上形成一种令人愉悦的、轻灵的升腾感。

3.哈纳

哈纳，又称“围壁”，是蒙古包特有的一种木构件。如果说木架的大小决定了蒙古包的规模的话，那么其中起主导作用的就是哈纳。前面提到的四哈纳、六哈纳的蒙古包，指的就是一座蒙古包由四扇或六扇哈纳围成。哈纳的数量增加了，插在上面的乌尼数量就会随之增加，陶脑的直径也相应增大。这样蒙古包的周长、面积、高度等就都加大了。反之亦然。在过去，寻常百姓一般住四、五哈纳的蒙古包，富裕人家可以用到六至八哈纳，只有王爷和喇嘛才能住十二哈纳的蒙古包。(图3-11)

图3-11　围合好的哈纳圈子

在哈纳产生以前，牧民居住的窝棚低矮简陋。那时建筑的四壁是倾斜的，室内空间十分局促，人在里面必须弯腰驼背才能活动得开。慢慢的，人们在原有窝棚的下面架上了很多木棍，这样一来室内空间就宽敞多了。经过了漫长的演变，竖直的木棍终于进化成了可以伸缩的网状结构——哈纳。毫不夸张地说，正是哈纳的出现从根本上改善了游牧民族的居住条件，让他们真正挺直了腰杆儿，因此具有划时代的意义。

除了提高居住质量以外，哈纳还有一个非常重要，也是牧民最为看重的特点，那就是方便的可折叠性。游牧民族逐水草而居，家当当然是越轻巧越好。一扇哈纳如果完全展开能有2~3 m宽，而折叠之后也就50~60 cm宽，十分节省空间。这无疑为长途迁徙提供了便利条件。哈纳可折叠的特点是由它的构造决定的。每扇哈纳都由长短不同、粗细均匀的两层柳条斜向交叉组合而成。在两层柳条的交点上打有小孔，一根皮钉子把前后的柳条穿起来，形成可转动的节点。在受到拉力时，每层柳条就能进行平行旋转，从而实现可伸缩折叠的特性。哈萨克毡包的哈纳从侧面看是直的，而内蒙古和蒙古国的哈纳则呈“S”形，这种造型能够为蒙古包提供更加稳定的支撑。（图3-12、图3-13）

在搭建一座蒙古包的时候，把哈纳展开，相互固定形成一个圆筒形，圆筒的面积就是蒙古包的室内面积。如果蒙古包想搭得大一点，就增加几扇哈纳；想建得小一点，就去掉几扇哈纳。所以哈纳的多少，就成了衡量蒙古包大小的一个重要标准。这也是为什么蒙古人在说起家的大小时，往往不说多少平方米，而是说几哈纳的道理。

需要注意的是，蒙古包的大小不光由哈纳的多少决定，还由每扇哈纳的宽度决定。虽然在制作蒙古包时，每种构件的大小都存在一定的比例关系，但毕竟不像传统官式建筑那样有非常严格

图3-12　完全展开的哈纳

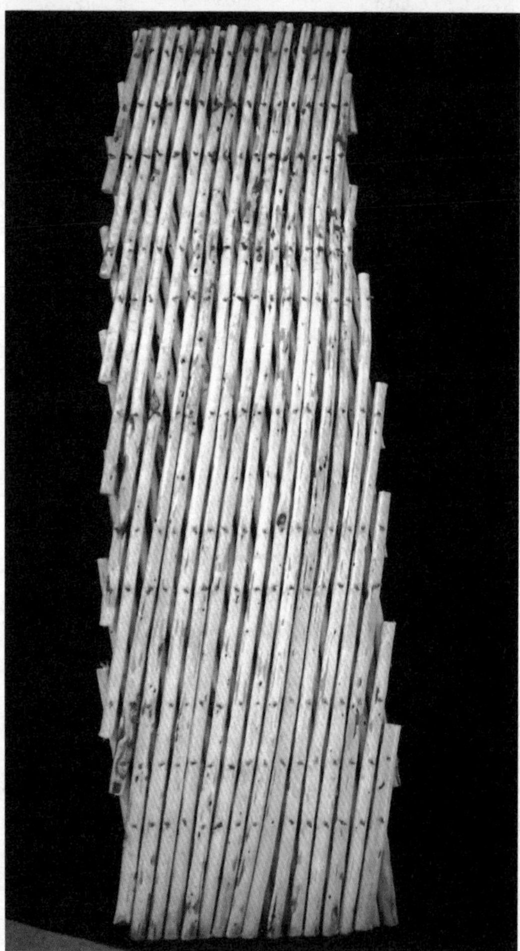

图3-13　折叠后的哈纳

的规定，因此每家每户做出来的哈纳，大小经常不一样。在这里有几个名词需要提一下：哈纳上端的叉口叫“哈纳头”；下端的叉口叫“哈纳足”；左右两侧的叉口叫“哈纳口”；柳条交叉产生的菱形孔叫“哈纳眼”。当增加一根柳条时，哈纳的“头”、“足”、“口”、“眼”就都增加了，相应的，哈纳的大小自然也就增加了。所以一般习惯上，牧民说起蒙古包的大小时，总会几个哈纳几个头一起说，因为这样的描述才更加准确。（图3–14）

还有一个看似微不足道的要素也决定着哈纳乃至蒙古包的大小，那就是哈纳上皮钉的数量。所谓皮钉的数量，说的是一根完整柳木上皮钉的数目。如果皮钉多，那么柳木的间距就小，哈纳的网眼也小，这样哈纳的伸展性会比较差，展开后的宽度就窄；反之

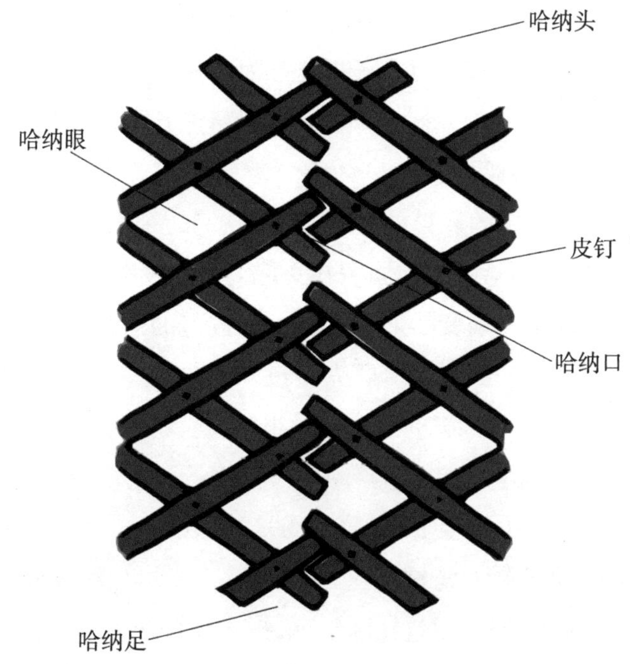

图3–14　哈纳结构示意图

如果皮钉少，那么柳木的间距就大，哈纳的网眼也大，它展开的宽度也会比较大，但是相对的高度会降低，而且稳定性也要大打折扣。所以在钉皮钉的时候是很有讲究的，牧民不仅会在间隔合适的距离打孔、钉钉，而且还会有规律地留出一些位置故意不钉，这样既能保证哈纳的稳定性，也能确保它有足够的伸展性。

相对于其他的木构件来说，哈纳的装饰算是比较简单的。通常情况下，它都是以原色示人，只有讲究的家庭才会把它刷成红色或是绿色。但即便如此，哈纳自身结构形成的网状构图还是有着很好的视觉效果。至于那些王宫贵族，只要是能体现富贵显赫的地方，他们都不会放过。所以在一些王爷的蒙古包里，也会看到用黄金和象牙钉子装饰的哈纳。

4. 木门

早期的蒙古包用的都是毡门，木门是后来才出现的。蒙古包的门有单扇的也有对开的。有些地方为了隔绝寒气，还会使用双层门，也就是外面的门朝外开，里面的门朝里开，形制有点像陕北窑洞里的老门和风门。

除了充当建筑的入口外，木门还有一定的结构作用。在搭建过程中，门框要和哈纳横向固定在一起，上面还得插挂乌尼，所以可以把它看成是一扇变了形的哈纳。蒙古包的门都很矮，一般也就在1.3 m到1.45 m。新疆哈萨克毡包的门要高一些，不过也只有1.6 m左右。相对而言，它的门槛倒是很高，这就使得人在进门的时候，必须摆出一副弯腰抬腿的有趣姿势，才不至于磕着绊着。

木门的装饰手法很多，最简单的是遍涂红色。稍复杂一些的会在其上描绘彩画，题材从花鸟人物到抽象的几何纹样应有尽有。有些阔绰的家庭，通过精雕细琢，把木门变成一个精美的木雕佳作。更有甚者，一些贵族还会在蒙古包的门前加建门廊，以此显示自己的财富和地位。（图3–15、图3–16）

图3-15　装饰华丽的木门（引自《蒙古民族文物图典——蒙古民族毡庐文化》）

图3-16　木门上的雕刻

5. 柱子

在一般建筑里，柱子是最主要的结构构件，起承重的作用。但在蒙古包里，由于建筑规模较小，加之穹隆结构本身比较稳固，使得柱子的结构作用并不那么明显。在我国，一般六哈纳以上的蒙古包才使用柱子，它的主要功能是为大跨度提供额外的支撑。通常六至八哈纳的中型蒙古包有2根柱子，十哈纳以上的大型蒙古包用4根柱子。而在蒙古国，不管毡包规模的大小，柱子都是必不可少的构件。

柱子的柱脚安插在蒙古包的中心——火灶的两侧或四角，柱头顶着陶脑的外缘。由于处在室内的中心位置，因此它就成了装饰的重点。柱子的式样很多，横截面有圆的、方的、六棱形的、八角形的，等等。从立面上看，它的造型大体呈“Y”字型或“T”字型，其

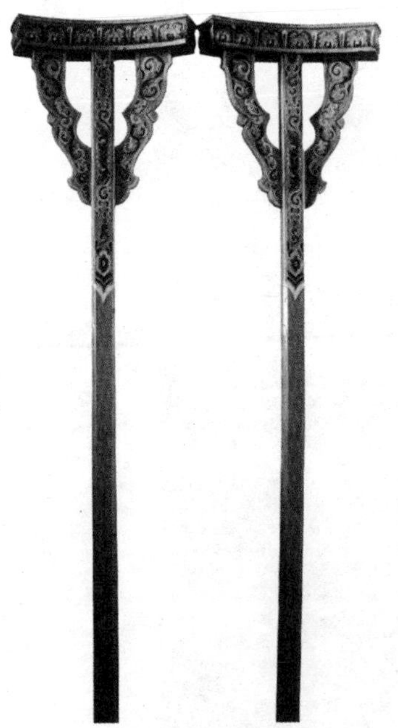

图3-17　蒙古包的柱子（引自《蒙古民族文物图典——蒙古民族毡庐文化》）

图3-18　雕刻成双鱼造型的柱头

中柱头是装饰的重点位置。一般的装饰手法是在红漆底色上描画各种彩画。彩画的题材、样式要和陶脑、乌尼的风格相一致，从而使室内呈现出和谐统一的美感。在高级别的蒙古包里，甚至还能见到描金画银的盘龙大柱，它雕刻精美，造型栩栩如生，工艺水平丝毫不比内地匠师的作品逊色。（图3–17、图3–18）

二、毛毡体系

蒙古包没有砖石的围墙，抵抗风雨严寒主要就靠毛毡。在草原上，毛毡是最理想的建筑材料，它有很多优点：第一，毡子的重量很轻，不会给木构架带来过大的压力；第二，毡子的保暖性好，能够抵御蒙古高原最恶劣的天气；第三，制作毡子时取材方便、工艺简单，几乎每家每户都能完成；第四，毡子的搬运十分方便，不仅重量轻，而且叠起来也节省空间，因此非常适合游牧的需要；第五，由于在搭蒙古包时，铺毡子代替了泥瓦活儿，所以整个施工过程不仅轻松而且干净。

蒙古包的毛毡主要包括盖毡、顶毡、围毡、毡门、顶饰、围脚毡等。

1.盖毡

盖毡是覆盖陶脑的毡子，主要功能是调节室内的采光、通风及温度。它形状四方，每个角上都缀有一条长长的带子。平日里，东、西、北侧的带子都是固定在围绳（后面会详细介绍，是一种将毡子固定在哈纳上的绳索）上的，而南边的那条则不固定。每天早晨牧民会把南边的带子沿顺时针方向拉开，这相当于开了窗户，阳光就能照进蒙古包里。到了晚上，或是遇到雨雪天气，沿反方向把绳子一拉，蒙古包就被盖得严严实实。由于白天盖毡是掀开的，形成一个三角形，晚上盖好后又变成了四方形，所以蒙古谚语中就有“昼三夜四”的说法。

蒙古人非常看重盖毡的放置。在白天，只要天气允许，盖毡一定是被打开的。只有家里死了人的时候才会把它盖起来，或是把南边的一角从陶脑上垂下来。到了晚上，主人还会检查盖毡盖得是否端正。他们认为，只有盖毡放置的平整妥帖，晚上才能睡个好觉、做个好梦。

盖毡的颜色以本色为主，四边和四角上会纳出各种花纹，并用马鬃绳锁边。在各式各样的装饰纹样中，以一种首尾相接、连续不断的几何图案最为常见。有种说法认为，这种形象源自佛教八吉祥[①]中的盘肠纹(图3–19)。盘肠纹是由一条无首无尾、无止无休的线组合而成的。由于永不中断，因此具有福寿绵长的美好寓意。还有一种说法，认为这种图案是抽象后的蛇形纹样。自古以来游

图3–19　佛教八吉祥

①八吉祥，又称佛教八宝，是象征佛教威力的八种物象，包括法轮、法螺、宝伞、白盖、莲花、宝瓶、金鱼和盘肠。

牧民族就很崇拜蛇，如果有蛇爬进牧民家里会被视为是好运的征兆。在匈奴人统治草原的时代，很多装饰纹样是具象的蛇，后来慢慢的，图案由具象的形体演变成了抽象的线条。据说把蛇装饰在蒙古包顶可以保佑家中的小孩儿，使其祛病消灾。（图3–20）

图3–20　盖毡上的各种装饰纹样

2.顶毡

顶毡是覆盖乌尼的扇形毛毡，分为前、后两片。其中后片（北边那片）要长一些，这样就能压住前片，防止西北风灌入室内。为了御寒保暖，冬天的时候牧民会盖两层甚至更多的顶毡，这时盖在外面的两片毡子依然是后片压前片，而里面的一层则要掉一个个儿，变成前片压后片，以保证每层毡子衔接的地方都是错开的，防止雪水、寒风、尘土钻进蒙古包里。

为了把顶毡固定在倾斜的乌尼上，通常毡子的外围要缀绳子(里层的顶毡由外层压着，可以不缀绳子；有些地方，外层的前片顶毡也没有绳子,但是外层的后片顶毡一定有绳子)。绳子的数量根据顶毡的大小以及习惯做法的不同而有所区别。一般前片顶毡或没有绳子,或4个角上各有一根绳子(共4根)。后片顶毡除了在四角上有绳子之外,在每条直边的上部还会穿缀1~3条绳子,所以加在一起就是6根、8根或10根。在搭蒙古包时,牧民会把这些绳子斜向交叉,组成漂亮的菱形图案,然后再将其固定于下面的围绳上。这样建起来的蒙古包既结实又美观。(图3-21)

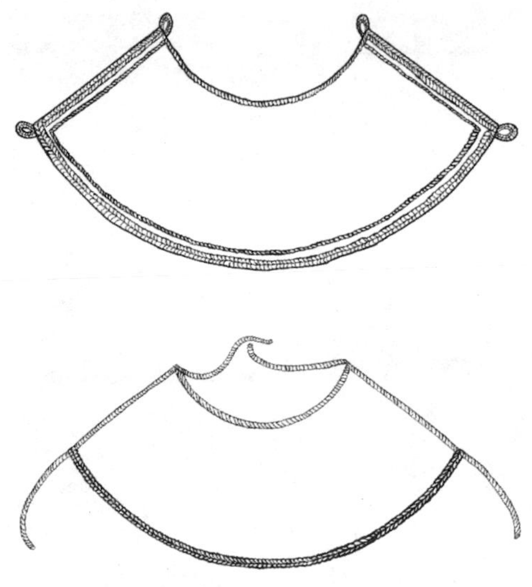

图3-21　顶毡

在蒙古族祝赞词里有这样的说法:"用鹿皮装饰南顶毡、用花鹿皮装饰北顶毡,吉祥如意!"从这段文字我们可以推测,过去蒙古人曾经用毛皮装饰顶毡。但在今天,人们主要是用各种漂亮的锁边对其进行装点。所谓锁边,就是把马鬃马尾正着搓一根绳子,反着再搓一根绳子,然后把它们合并在一起,用毛线缝在毡边上。除此之外还有一种镶边的做法,就是在锁边的内侧再用蓝色布条

镶一道边。这些做法不仅起到了美化作用，而且还能延长毛毡的使用寿命，体现了功能与形式的完美结合。

3.围毡

围毡是围在哈纳外面的长方形毛毡。根据蒙古包的大小，围毡的数量不等，通常以四片居多。另外每片围毡的大小也随毡包的规模而定，一般高不过人头，宽不过3 m。但是也有一些特大的围毡，高度有2 m多，宽度能达到9 m。围毡的层数视季节而定，一般夏季用1层，冬季用2~3层。在围毡的上部缝有若干短绳，用来系在乌尼杆上，这样竖直展开以后才不会滑落下来。

苫盖围毡是很有讲究的。以四片围毡的蒙古包为例，每片毡子的长度都要大于哈纳周长的四分之一，才能保证接口处不留缝隙。还有西北侧的那片毡子永远围在最外面，它的下边压着西南、东北两片毡子，而东南侧的毡子则被压在东北侧毡子的下面。这

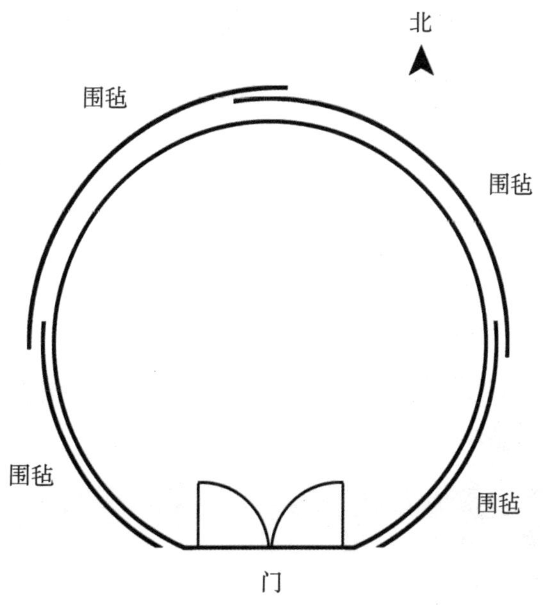

图3-22 苫盖围毡示意图

么做是因为蒙古高原的西北风非常强劲，用上风处的毡子盖住下风处的毡子，这样任凭风暴如何肆虐，冷气也不会灌进屋里。还有一点是围毡的高度要比哈纳高出一些，然后用顶毡盖住多出来的部分，其目的也是为了防风防雨。（图3-22）

围毡表面一般不做大面积的装饰，通常以本色为主，外围用双股马尾绳锁边。

4.毡门

在木门出现以前，毡门就是蒙古包的大门。它重量轻、易折叠，非常适合游牧的需要。木门出现以后，毡门摇身一变，成了挂在外面的门帘，一来可以挡风，二来能起到装饰的作用。

毡门是长方形的，长宽根据门框的尺寸而定。由于需要经常掀开，所以要用质量上好的羊毛擀制，并把多层纳在一起才行。在今天，毡门的艺术价值要大于它的实用价值。蒙古包的各种毛毡制品里，数毡门的装饰最为华丽。要做一个好的毡门，妇女至少得花个把月的工夫。因为他们清楚，挂在自家门口的可不只是一个简单的门帘。它代表了这家女主人的聪明才智，更关乎整个家庭的面子。

毡门的图案布局有一定之规，纹样的选择和色彩的搭配也有不少讲究。比较常见的有以下几种：

（1）卍字纹毡门。卍字是一种古老的符咒，在古埃及、古希腊、古印度、波斯的历史中都曾出现。最早人们把它看成是太阳和火的象征，后来则泛化成了一种吉祥标志。随着佛教的传播，卍字纹被蒙古族广泛使用。卫拉特蒙古人的祝赞词有这样的描述：

用羔羊的绒毛做白色的毡子，
中间绣着卍字纹，
中间绣着吉祥八宝，
下面绣着七祭，

每个角上绣着鹿，

四面绣着万福，

仙人们汇聚一起歌舞升平，

圣洁的毡门，吉祥如意！！！[①]

（2）普斯贺纹毡门。蒙古族把圆形图案统称为“普斯贺纹”。圆形被看成是太阳和阳性的象征，使用这种纹样反应了游牧民族对太阳的崇拜。一般情况下，普斯贺纹位于毡门的中心位置，或单独使用，或与其他纹样组合使用。（图3–23）

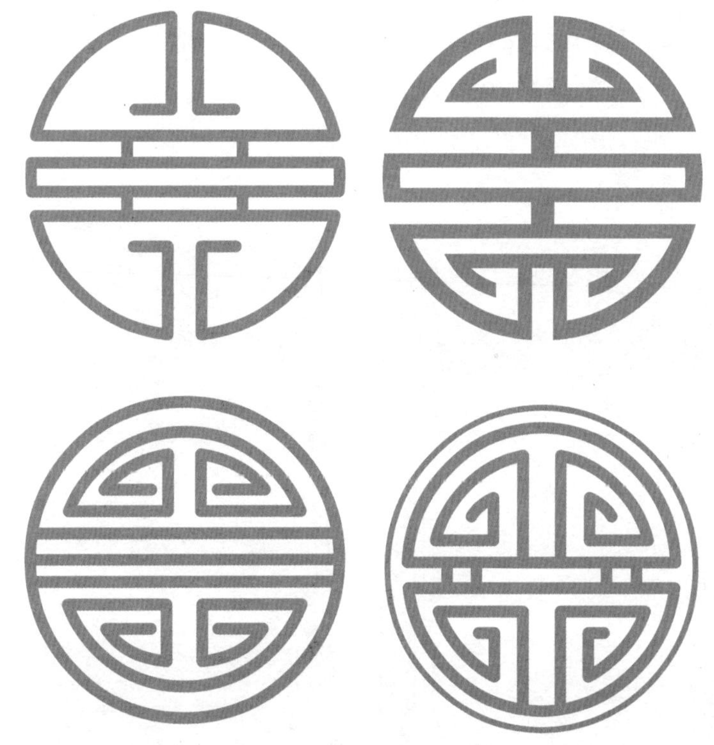

图3–23　各种普斯贺纹

①引自《蒙古族毡绣工艺》，内蒙古科学技术出版社，2005。

(3)盘肠纹毡门。盘肠是佛教八吉祥之一，佛家将其解释为“回环贯彻、一切通明”之意。由于图案具有无休无止、连绵不断的特征，因此到了民间，它又被赋予了福寿绵长、永无止境的美好寓意。盘肠纹在蒙古族的日常生活中非常常见，是一种适用性极广的装饰纹样。在毡门装饰里，盘肠纹多位于构图的核心，或单独使用，或与缠枝纹、卷草纹等组合使用。另外，它也可以以二方连续的形式作为毡门的花边使用。

除了上述3种之外，毡门的装饰题材其实还有很多，如狮子滚绣球、双喜字等等，这里就不一一列举了。有些讲究的人家，还会在顶毡和毡门的缝隙处挂一块门头毡。它与毡门同宽，长度一尺有余。除了同样饰以漂亮的花纹之外，有些门头毡还被裁剪成了弧形、如意形等式样，非常别致和美观。（图3-24）

图3-24　各种漂亮的毡门（引自《蒙古民族文物图典——蒙古民族毡庐文化》）

5.顶饰

顶饰是覆盖在顶毡外面的一层装饰毡。在过去,顶饰是主人地位和财富的象征,一般王爷、喇嘛用红色的,普通官员用蓝色的。

顶饰的造型多种多样,有圆的、多边形的、十字形的等等,其中尤以一种八角星形的最为漂亮。这种顶饰有四个平角、四个尖角。平角较长,分别指向东南西北四个正方向;尖角较短,分别指向东南、东北、西南、西北四个方向。平角的两个角上各有一根绳子,尖角的顶端也有一根绳子,这些绳子都被拴在围绳上。也有一些地方先在地上钉橛子,然后再把绳子固定其上的做法。所以顶饰除了装饰功能之外,也能起到一定的固定作用。(图3–25)

顶饰的中心为陶脑预留了一个圆孔。圆孔的周围用马鬃绳锁

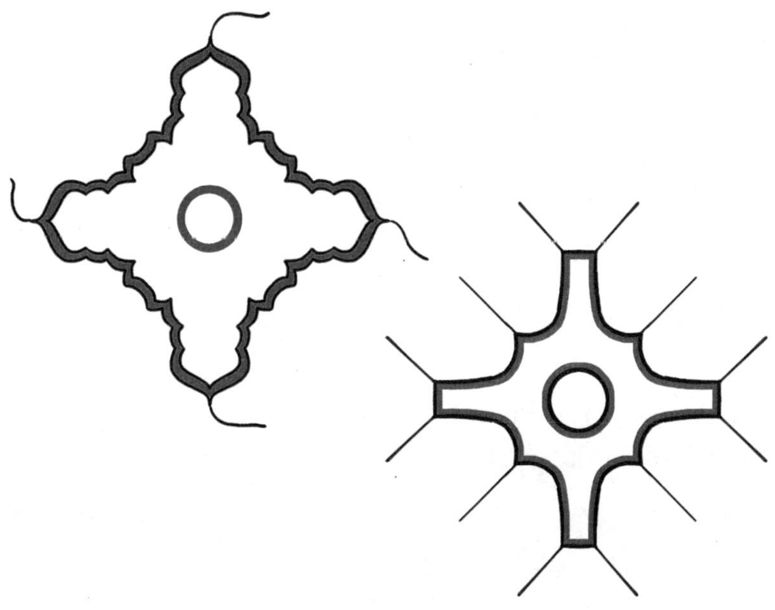

图3–25 顶饰示意图

图3-26　蒙古包的顶饰

边，并环饰各种连续纹样。顶饰的装饰题材也十分丰富，从二龙戏珠到如意云头应有尽有。不仅如此，它的外轮廓还会根据装饰的需要，裁剪成各种造型。从远处看，装饰了顶饰的蒙古包或如祥云掠过，或如莲花盛开，用“精美绝伦”一词概括毫不为过。（图3-26）

6.围脚毡

围脚毡是包在围毡外侧靠近地面位置的毡子。它的主要作用是在夏天避免雨水沤烂围毡，并防止蚊虫钻进室内。而到了冬天，围脚毡能阻隔冷空气从地面渗入毡包。一般情况下，冷季用的围脚毡比较厚，是由几层毡子叠在一起纳成的，具有很好的保暖性；而暖季的围脚毡较薄，并且经常用其他材料，如木片、柳条、芦苇、帆布等代替。

在过去，并不是所有蒙古包都有围脚毡，只有那些大户人家才用得起它。对于一般牧民来说，夏天没有也就罢了。可是到了冬天，抽底风从地面吹进来着实难受，于是他们便就地取材，或把雪堆到蒙古包的底部，或在周围埋上一圈沙子，虽然看起来不太美观，但也能起到防风保暖的作用。

毛毡体系已经说得差不多了，这儿还有两点需要补充。一是蒙古包的毡子种类其实很多，除了上面提到的6种之外，还有地毡、床毡、坐毡等等。但由于这些毛毡的功能和地毯类似，与建筑构造没有多大关系，所以将在后面章节再做介绍。二是虽然大多数蒙古包都是由毛毡覆盖的，但有些地方也会用其他材料代替毡子。比如内蒙古东北部地区的蒙古族和鄂温克族，就会在夏天搭建覆盖芦苇的蒙古包。它有很多优点，比如通风凉爽、制作方便、不怕水泡等等。关于这种蒙古包的搭建和材料加工，将在后面章节中进行讲解。

三、绳索体系

绳索体系是构成蒙古包的三大体系之一，在结构上占有很重要的地位。小到一根皮钉，大到一根围绳，少了哪样也不行。蒙古包的绳索都是用动物的鬃毛和皮革制成的。它们不仅韧劲十足，而且不像麻绳那样一泡水就容易烂掉。蒙古人打绳结也有一手绝活儿，经常让人看得眼花缭乱。在锡林郭勒学习搭建蒙古包的时候，牧民大哥三下五除二捆好的绳结，我们几个外行照着摄像机看了半天，居然没看明白。不仅如此，如果碰到个没见过的绳扣，外行人连解都解不开。

有学者把蒙古包的绳索体系分成了原料绳索、连体绳索、单体绳索[①]三大类。所谓原料绳索，就是连接木构件，并使其拥有新特性的绳索。例如，由于皮钉的连接，哈纳才拥有了伸展的特性；再如，穿缀在乌尼上的绳环使其能够挂在哈纳上。由于这些绳索已经成了制作某种构件的原材料，因而得名。至于连体绳索，指的是缝在毛毡上的绳子或带子。比如顶毡、顶饰上的绳子等等。单体绳索是指用来绑扎各种构件的单独绳索，如围绳、捆绳等。下面着重介绍各种各样的单体绳索。

1.围绳

前面讲过，蒙古包顶的穹隆结构有一大好处，就是具有较强的抗压能力。但是这种结构也存在一个缺点，就是顶部的重量会向下传导，并分解成一个垂直向下的压力和一个横向的侧推力。如果不想办法将侧推力抵消掉的话，整个穹隆结构就会垮塌。鉴于语言描述太过抽象，不妨做一个实验验证。拿出一张纸，用双手按住纸的两端向中间推，使其拱起成一弧形。这就相当于是蒙古包的包顶。再把一支铅笔放到弧形顶端，以此模拟压力。这时，由于拱形结构的关系，原本柔软的纸张的抗压能力大大增加了，因而铅笔并没有把它压垮。如果将按住纸的手松开，由于缺少了制约，在横向侧推力的作用下，纸的两边迅速弹开。于是，这个虚拟的蒙古包被压垮了。

为了抵消侧推力的影响，游牧民族想了一个非常聪明的方法，那就是用横向的围绳将其牢牢箍起来。围绳分为两种，一种是直接绑在哈纳木架上的，称为里围绳；另一种是把围毡捆在哈纳上的，称为外围绳。前者的功能比较单一，就是起抵消侧推力，稳定结构的作用。而后者的作用就多多了：首先，它能把围毡牢牢固定在木构架上，防止大风将毡子掀开或使毡子滑动；其次，它对稳

①引自《细说蒙古包》，东方出版社，2010。

定蒙古包的木结构起辅助作用;还有,从盖毡、顶毡和顶饰上拉下来的绳索都要固定在它上面;最后,围绳组成的水平线丰富了蒙古包的立面构图,因此具有一定的装饰作用。一般情况下,一座蒙古包的里围绳只有1根,而外围绳则有2~3根。由于被包在围毡里面,所以里围绳的样子可以不好看,但一定要足够结实。否则一旦断裂,哈纳便会向外倾覆,蒙古包就有倒塌的危险。

围绳(包括其他绳索)的制作很讲究,一般是用马鬃搓出来的。先顺搓一根绳子,再反搓一根绳子,把它们并拢在一起,一针一线地缝起来。这样就制成了一根带有"人"字形花纹的扁绳子。蒙古人把这种花纹叫"天箭",有迎接吉祥到来的美好寓意。这么做出来的绳子结实耐用,不怕风雨,还能吃上劲儿。

2.坠绳

坠绳是从陶脑的中心点上拴下来的长绳,主要功能是在大风天里固定蒙古包。平日里,牧民会把坠绳夹在东边的乌尼上。风暴袭来的时候,在坠绳的末端安个橛子,迎着风的方向固定在地上,或是在坠绳下端坠上重物,以防止蒙古包被大风掀翻。坠绳有三种式样:一种是扁圆的,可以直接搓成;一种是扁平的,就像前面介绍的围绳一样;还有一种是一根很长的皮条。制作坠绳的材料有公驼的膝毛、马鬃、马尾、熟好的皮条等等。

蒙古人非常尊敬坠绳,把它看成是保佑家宅安宁、保存五畜福祉的吉祥之物,所以没有坠绳就不能算是真正的蒙古包。每当搭新包的时候,坠绳上要拴上包着青稞的蓝色哈达,寓意这家人的日子像天空一样晴朗,子孙像青稞一样繁衍。在卖牲畜的时候,人们要从动物的身上拔下一撮毛,拴在坠绳上,象征把牲畜的福祉留在家中。

拴坠绳的讲究也很多。天气好的时候,坠绳要松松地挂着,并被盘成羊肚儿的形状,据说这样有利于生财。绳子的末端要从东侧乌尼的间隙穿进去，打一个吉祥活扣再掏出来。坠绳垂下来的部分长短要适当，一般以站起来不碰头、伸手能够着为宜。由于被看成是一条生财之路，所以坠绳的尾巴决不能指向门口，否则钱财就可能沿着这条路跑到门外去。（图3–27）

3.压绳

压绳是加固乌尼和顶毡的绳索。它也有内、外两种：直接捆在乌尼杆上的叫内压绳，功能是稳定乌尼，并防止陶脑倾斜；压在顶毡外面的是外压绳，主要作用是加固顶毡，防止大风把它吹起来。压绳的材料、做法与围绳一样，只是更短、更细一些。

4.捆绳

捆绳是将两扇哈纳绑扎在一起，使其成为整体的绳子。捆绳一般不长，大约4~5尺（1.33~1.66m），只要刚好够绑两扇哈纳就行。捆绳是用马鬃马尾搓成，一头儿是个绳环，另一头儿用布包住。立木架的时候，捆绳要从上往下，走“之”字形把两扇哈纳口捆住，如果有富余的绳头，可以拴在旁边的哈纳腿上。（图3–28）

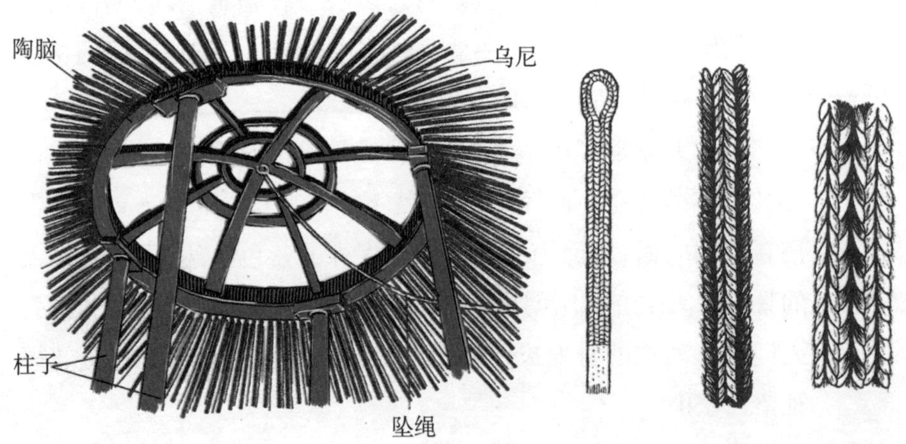

图3–27　蒙古包的坠绳

图3–28　蒙古包的各种绳索

第四章 蒙古包的营建和搬迁

第一节 选址
第二节 蒙古包的营建
第三节 蒙古包的拆卸和搬迁

蒙古包是游牧的产物。从看盘、搭建、拆卸到搬迁，牧民每年都要重复很多次。在蒙元以前，游牧民族主要是以大游牧方式迁徙的。哪里的泉水甘甜，哪里的牧草肥美，他们就赶着牲畜走到哪里。那个时候，整个蒙古高原以及天山南北的广大地区都是他们驰骋的地方。也正是这样的生活方式，造就了蒙古人广阔的胸襟和豪迈的性格。后来，蒙古各部先后归顺清朝政府。清朝皇帝一方面利用蒙古势力稳固疆土，另一方面又忌惮他们联合起来造反。乾隆皇帝曾经说过这样一句话："天上云集则下雨，蒙人联络则造反"。为了防患于未然，清政府要了一个政治手腕，用盟旗制度划分了蒙古贵族的势力范围，并制定了严格的规定，如各盟旗之间不得往来、不得婚嫁，牧民不得越境放牧，蒙、汉人不得接触等，从而实现了"众建而分其势"的目的。

就此以后，大游牧的条件消失了，牧民只得在固定的地盘内进行流动放牧，即小游牧。小游牧的一个显著特点就是"大分散小集中"。通常几户人家以浩特为单位下盘，以求平时相互有个照应。生产的时候他们分工协作、互帮互助，一旦遇到自然灾害，大家也可以共同抵御风险。所以即使没有血缘关系，浩特里的人们仍然亲如一家。

在下盘的时候，蒙古包与车辆、牲畜等围成一个大圆圈。毡包的布局以长幼尊卑为序，长辈或主要人家在西北或正北侧。如果从西北搭包，则其他人家就从他的左翼开始，以弧形顺序排列；如果从正北搭包，则其他人家就从左右两侧展开，弧形排列。

蒙古人放牧很重视环保，以期可持续发展。他们不仅在春夏秋冬四季都有专门的牧场，而且在一个牧场里也会经常搬家。这样既能保证牛羊始终吃到最鲜嫩的青草，更为草场的休养生息提供了充足的时间。

下面让我们从蒙古包的看盘、选址开始，审视和体验整个搭

建、拆卸和搬迁的过程，从而全面领略游牧民族独特生活方式的神奇魅力。

第一节 选 址

选址对牧民来说是一件大事，一般都要由喇嘛或是有名望、有经验的长者选定。不同季节对选址有不同的要求。

春季选址：

春季是接羔保育的季节。这时天气已经开始转暖，但时常会有倒春寒。所以选址时要找背风的地方，另外草场也要尽量开阔。春季营盘是个过渡的地方，一般也就待个把月的时间。

夏季选址：

夏季气候炎热，蚊虫也多，选址时要注意和水源保持合适的距离，既不能太远，也不能太近。夏季营盘通常选地势较高、视野开阔的地方，以方便观察周围的环境，避免雨水的冲刷侵袭。（图4-1）

秋季选址：

秋天下盘一般选草木茂盛、地势低缓的山间盆地。这主要有两方面原因：一是秋季风大，地势底的地方受影响较小。二是秋天是牲畜抓膘的季节，地势低的地方多有畜群喜爱的秋青草（秋季仍未枯黄的草）。另外在秋天，牧民不会长时间固定在一个地方，而是频繁倒场。为的就是把牲畜养得膘肥体壮，熬过漫长的寒冬。

图4-1 牧民的夏季营盘

冬季选址：

蒙古高原的冬季寒冷而漫长，所以牧民特别重视冬季营盘的选择。通常他们会在灌木茂盛的地方下盘，因为这样的地方不易积雪，而且植被还能有效防止冬天的风暴。牧民在冬天不经常倒场，只要干草够多，就基本不再换地方。

不管在哪个季节，有两类地形是最为理想的驻牧地：一是四面环山，中间平缓的地方。这种地形视野开阔、容易瞭望，而且还背风，所以被称为“福星之地”或“黄金营盘”。第二类是北面有山的地方，这种地形背山面阳，青草茂盛，同样是放牧的理想场所。另外，牧民非常忌讳营盘的周围，特别是北侧有沟壑，因为这种地方经常是豺狼扎窝的所在。

第二节 蒙古包的营建

不同地区、不同季节、不同种类的蒙古包，营建时是有所区别的。比如，冷季的蒙古包就要比暖季多苫很多层毡子；再如，由于构件的差别，在营建不同类型陶脑的蒙古包时，使用的方法也不相同。尽管如此，它们的搭建程序是基本一致的，即先平整地面，再搭木架，最后苫毛毡、捆绳索。下面以此为序介绍蒙古包的营建，如遇特殊做法，再作对应讲解。

一、平整地面

好的驻牧地谁家都喜欢，所以一片牧场经常会被不同牧民先后使用。往年搭过蒙古包的基址称为“旧基址”，从未搭建过的基址称为“新基址”。蒙古人很忌讳在别人家的旧基址上建自家的蒙古包。

选好基址后，第一步工序是平整地面。首先，要把直径5~8 m范围内的杂草、碎石清理干净，然后把地表尽量弄平。在内蒙古的东部地区，牧民还有这样的习惯——先将地面向下挖一个深20~30 cm的坑，在里面铺一层干牛粪，然后再将土回填踩实，目的是让地面更加防潮。（图4–2）

图4-2　平整地面

二、确定方位和前期准备

在蒙古人的传统观念里，有关方位的一切都是极其重要的。比如蒙古包的中心是最神圣的方位，那里是放置火灶的地方；再如，蒙古包里有男女空间之分，所有物件都要各归其位，绝不能乱放。这里先说蒙古包的定向就有很多讲究。

蒙古人习惯把南偏东的方向称为“南”，绝大多数的蒙古包都是坐北朝南的。但是在有些地方，人们也会把毡包的大门开在东侧。这里以坐北朝南的蒙古包为例进行介绍。

在确定建筑方位的时候，牧民会以陶脑为参照。他们先把陶脑放在将来支火灶（也就是蒙古包的中心）的位置上，穹隆朝上摆

好。由于大部分陶脑都有十字形的梁，所以此时此刻，这一主一辅两道梁就刚好成了蒙古包定向的依据。其中，主梁要和东西轴线对齐，辅梁要和南北轴线对齐。再就是，蒙古包的南侧不能有干枯的湖泽或水塘，因为这会造成子嗣不兴，家族不旺；另外，毡包的大门也不能正对远处的山尖，因为蒙古人相信那是山神的居所，与之相对会引来不幸。

摆好陶脑以后，蒙古包的朝向就确定了。接下来牧民会把木门搬过来，内侧朝上，门楣朝南，放在整个基址的最南边。而后，还会将哈纳、乌尼、毛毡等从车上卸下来，平铺在相应的位置上。这样在搭建的时候，就不用反复卸车和搬运。在摆放建筑构件时也有讲究，就是要按顺时针的方向（自门的位置开始，由西向东），依次把它们放好。绝不能为了图省事，从反方向放置。等所有东西都布置妥当，前期的准备工作就结束了。（图4–3）

图4–3　搭建前的准备工作

三、立木架

1.立门和围哈纳

立门和围哈纳是立木架的第一道工序。先要把门竖起来，并将门楣的正中和陶脑的南北轴线对齐。定好门的位置以后，把门框和西南侧的第一扇哈纳绑在一起。绑捆绳之前，要先将哈纳均匀展开，并使它的高度和门框齐平，这样待会儿挂乌尼时，才能保证木架的平稳。（图4–4）

门和第一扇哈纳绑好以后，接下来按顺时针方向，依次将剩下的哈纳捆绑到位。牧民绑起绳索非常麻利，经常让人看得眼花缭乱。要是稍微一走神，就不知道这个绳结是怎么打的。倘若看明白了就会发现，甭管系出多大的绳扣，真正的绑法就是最简单的几种，而且里面一个死疙瘩也没有。（图4–5）

捆绳的一头是个绳环。开始的时候，要把它从两片哈纳交接处的网眼里穿过去，接着用捆绳的另一头穿过绳环，向下拉紧。这样第一个绳结就打好了。随后自上而下，在每个哈纳口交接的位置，都用一个十字结将两片哈纳系在一起。最后一个绳结相对比较麻烦。首先和前面一样打个十字结。接着把多余的绳头儿合成两股再绕一圈，再打一个十字结。第三步是把这个双股绳头在旁边的哈纳杆上绕一圈，用外面的绳子压住掏出来的绳头，向下拉紧，卡在哈纳的交叉点上。最后一步是重复第三个步骤，再绕一圈，再把绳扣拉紧。看起来打这最后一个绳扣时，左一圈、右一圈，绑得挺热闹。但是里面却一个死结都没有，会解的人只要找好位置，拽一拽就能解开。（图4–6）

图4-4　捆哈纳

图4-5　门和哈纳的第一个绳结

图4-6　捆绳的绑法和收头方法

2.捆里围绳

哈纳和门框都绑好以后，为了使整个框架更加稳固，还要在外面捆一圈围绳。蒙古包的门梃上通常都有3、4个圆孔（或者铁环），就是捆围绳的地方。里围绳只有1根，绑在最上面的那个窟窿上。牧民会先把绳子一头从门框西侧的孔里穿出来，在哈纳上系个疙瘩。然后手拿围绳，沿顺时针方向绕哈纳一周，并把绳子的另一头儿虚挽在门框东侧的孔上。等一会儿把哈纳调整好后，再将其拉紧固定。（图4-7-1、图4-7-2）

图4–7–1　捆里围绳

图4–7–2　里围绳的绳结

3.调整哈纳

接下来的工序是调整哈纳。主要内容包括以下3个方面:

(1)调整哈纳的高度。哈纳是蒙古包木架结构的基础,乌尼、陶脑都要安在上面,所以哈纳的高度必须水平。否则将来上架就有可能产生歪闪甚至倾覆。

(2)调整平面。刚围好的哈纳圈子,由于每片展开的幅度并不均匀,容易使蒙古包的平面不圆,影响建筑的美观,另一方面还会使构件的受力不均衡。所以要尽量将哈纳拉拽到适当的位置,使平面造型尽可能浑圆。

(3)调整位置。在蒙古人的传统观念中,蒙古包里有两条看不见的界限。它们极其重要,其中一条东西轴线将室内划分成了前(南)后(北)两部分,分别代表了晚辈的与长辈的、世俗的与神圣的空间;而另一条南北轴线将空间划分成左(东)右(西)两部分,分别代表女人的与男人的空间(以站在蒙古包里,面南而立定向)。前面一种空间观念与汉族"以北为尊"的传统相一致,但是后面这种观念则是游牧民族所特有的。

所谓调整位置,指的是调整这两条轴线。一位有经验的牧民站在南边(或北边)稍远的地方,沿着南北轴线(前面用陶脑辅梁定位出的南北轴线)看过去。其他人听他的指挥,分别把南边门框和北侧哈纳的中心线①移到这条轴线上即可。

做完以上3个步骤,便可以将刚才虚挽着的里围绳拉紧、绑牢。

4.上陶脑和插乌尼

在上文介绍过的5种陶脑里,以十字形陶脑、插接式陶脑和乌尼连接式陶脑比较常见。由于它们的构造特点各有不同,因而搭建

---

①如果哈纳的数量为双数,则北面两片哈纳的接口处即中心线;如果哈纳的数量为单数,则北面那片哈纳正中的哈纳口为中点。

方式也存在区别。下面将这3种陶脑的安装方法逐一进行介绍：

（1）十字形陶脑的安装。十字形陶脑常见于卫拉特蒙古族和哈萨克族的尖顶蒙古包中。由于整个建筑高耸挺拔，所以陶脑必须被安放在较高的位置上。安装过程中，3个人以"品"字形站好。每人手握两三根乌尼杆，然后同时向中心用力，把陶脑托顶起来。待将其送到合适的位置以后，3个人把手中的乌尼挂在哈纳上，然后再依次将其他乌尼插好即可。

尖顶蒙古包的乌尼很长，陶脑位置也高。托顶时不容易保持平衡，手劲小的人往往把持不住。所以在安装的时候，陶脑下面不要站人，以防被砸伤。

（2）插接式陶脑的安装。插接式陶脑主要用于圆顶蒙古包当中。由于高度不高，安装时只需找一个身强力壮的人，让他站在垫高的箱子或是粪筐上，双手把陶脑举过头顶。这时，周围的人手握乌尼杆下端，先瞄着陶脑周围的方孔将乌尼头插进去，再把乌尼下面的绳环儿套在哈纳头上。（图4–8）

图4–8　托顶陶脑

图4-9　插乌尼

对于一些大型蒙古包或是蒙古国的毡包来说，在陶脑的下面还要安置2或4根柱子。搭建的时候，先用绳索把柱头和陶脑拴在一起，然后由两个人举着柱子将陶脑托起来，这时其他人在周围插挂乌尼。待所有乌尼都安放完毕之后，举柱的两人才会把柱脚放到地上。

在往哈纳头上挂乌尼时必须注意一点，就是要把它的绳环套在双层哈纳中里面那层的木头上。这样，上架的压力就会先压在里层，再经由它传导到外层。由于两层木头都受力，木架才能保持稳定。如果掉个个儿，直接把乌尼挂在外层木杆上，使里层木杆失去了结构作用，上架的压力和侧推力便全部作用在连接哈纳的皮钉之上。如此，很容易造成皮钉断裂甚至木架倒塌，这是很危险的。待陶脑的每个方向上都插了几根乌尼，不会再掉下来后，举着陶脑的那个人就可以下来，和其他人一起插挂余下的乌尼。（图4-9）

（3）乌尼连接式陶脑的安装。乌尼连接式陶脑也是用于圆顶蒙古包当中的。由于它的乌尼和陶脑已经连接好了，因此安装时

相对比较省事。人们先把所有乌尼束成一捆，立在蒙古包的中心，然后几个人在哈纳圈子里一根一根地把乌尼挂到位即可。实际操作时需要注意的是，当你在一侧挂好一根乌尼时，在对应的一边也要搭一根，否则整个上架就会因受力不均而倒塌。但是一般搭建一座蒙古包仅有两三个人，人手虽少，也要在哈纳圈子里四处走动，对称地搭挂乌尼。这么做不仅麻烦，而且也不能保证上架一定稳当。所以牧民想出了这样一个办法：干脆一开始就从一个方向上挂乌尼。由于陶脑下面有一束乌尼撑着，这个临时的支点也就相当于是一个人手。待支在地上的乌尼逐渐不能起到稳定作用的时候，一个比较有劲的牧民会把双手交叉背后，每只手里握几根乌尼，用背和肩的力量把陶脑扛起来（这样比用手托举更加省力），余下的人再七手八脚把剩下的乌尼挂好。陶脑和乌尼都安装好后，有些地方还会在乌尼的外面捆4或6根压绳。它们的作用是稳定乌尼并防止陶脑倾斜。（图4-10）

图4-10　用后背扛起乌尼连接式陶脑

上述这些需要注意的事看来无足轻重，但是忽略了其中的哪条也不行。这些经验和技巧都是经过千百年的实践总结得来的，是非物质文化遗产的精髓所在。可以说，把“细节决定成败”这句话用在蒙古包的搭建上是再合适不过的了。

5.整体调整木架

在给蒙古包覆盖毛毡之前，还要对已经搭好的木架进行最后的调整。具体工作如下：

（1）调整陶脑。在安装过程中，陶脑的位置有可能偏离建筑的南北轴线。因此要比量着南侧门框和北侧哈纳的中心位置，矫正陶脑的方向。

（2）检查哈纳。在覆盖毛毡之前，最后要检查一下哈纳的高度是否一致、网眼是否均匀（盖上毡子就看不出来了）。牧民要站在稍远的位置上，从不同角度检查。

（3）检查乌尼。要检查乌尼和哈纳的连接状况，确保每根乌尼杆都吃住了劲儿，而不是松散地搭在上面。（图4-11）

图4-11　搭建好的蒙古包木架

其实有经验的牧民在搭建的时候心里都有数，木架一般无需过多调整。完成上述工作就可以开始苫毛毡了。

四、苫毛毡

1.苫围毡

苫围毡就是用毡子把哈纳包裹起来。以四块围毡的蒙古包为例，牧民通常会从门框西南侧的那块开始（如果人手够用，也可以从门的两侧同时开始）。先把围毡展开，并将缝有若干短绳的一头儿朝上。将这些短绳均匀地系在乌尼上，并保证乌尼与哈纳的接口没有露在外面。苫好西南、东南的两块围毡后，接下来再将东北侧的那块系好。这里有一点需要注意，就是东北侧的围毡不能可丁可卯地接着前面的毡子围，而是要把前一块毡子的边儿盖住，这样搭出来的蒙古包才不会留有缝隙。此外，还要用抽口绳将两块毡子系在一起。西北侧的那块总是留到最后才苫。因为蒙古高原盛行西北风，把上风处的毡子压在最外面可以避免毡边被吹起来。

总而言之，苫围毡最主要的有两条原则：第一、围毡之间不能有缝隙；第二、上风口的毡子永远压着下风口的毡子。这样蒙古包就一定能裹得严严实实，再大的风雪也吹不进屋里。

2.捆外围绳

外围绳是捆在围毡外面的绳索，通常有2~3根。外围绳的功能很多，包括固定围毡、稳定木架、为其他绳索提供固定点以及装饰等，必须绑得足够牢靠。外围绳的绑法和里围绳一样，先把一头拴在门框西侧的孔或铁环上，然后沿顺时针方向围好围绳，拉紧并固定在东侧门框上即可。（图4–12）

图4–12　外围绳的绳结

3.盖顶毡

顶毡是盖住乌尼的扇形毛毡，分为前后两片。苫盖的时候先盖前片（南边）再盖后片（北边），保证上风处的毡子压住下风处的。另外，顶毡的位置要盖得合适，一方面它的中线要与蒙古包的南北轴线对齐；另一方面，毡子上部的圆孔要与陶脑的大木圈对齐。

由于顶毡的面积较大，铺的位置又高，所以苫盖起来并不顺手。不过聪明的牧民还是想出了好的对策，通过折叠、上架、展开的“工作流程”，解决了这个问题。

首先，牧民会把顶毡折叠起来，具体方法是：

第一步，将扇形的左右两个直边对折到顶毡的中线位置；

第二步，将对折后的两条折边再向中线对折；

第三步，将折叠后的扇形整体沿中线对折，中缝要叠在里面；

第四部，将整个毛毡竖向对折。

通过左一叠、右一叠，原本很大的顶毡就被折叠成被子卷儿的大小了。这么叠出来的毡子，不仅体量紧凑、方便施工，而且展

开的时候也非常顺手。苫毡时，牧民会把这卷儿毡子托到乌尼上，再用木棍把垂下来的一头儿向上一顶，最后将折叠的毡子向两侧一层层地展开，宽大的顶毡就服服帖帖地“趴”在屋顶上。（图4–13）

上好顶毡之后，还要把它的绳索固定在外围绳上。由于不同地区顶毡绳索的数量不尽相同，所以固定的方法也有所区别。在此举两个例子：

（1）前顶毡没有绳索，后顶毡四角4根、直边靠上位置左右各2根，共8根绳索。由于前片顶毡没有绳索固定，所以后顶毡要将它牢牢压住。之后，将西边靠上的3根绳子甩过门头，斜向拉到蒙古包的东南侧；再将东侧靠上的3根绳子甩过门头，斜向拉到西南侧。这样在蒙古包的正立面上就形成了一组漂亮的菱形图案，叫吉祥结。待将吉祥结调整合适之后，再把每根绳子竖直向下拉，然

图4–13　苫盖顶毡

后分别固定在横向的外围绳上。(图4–14)

打绳结的方法非常简单:先把绳子从围绳下面掏过来,再把绳头反向上拉,使两条绳子形成一个“⊥”形。然后将绳头从“⊥”形的右侧直角掏过去、向下拉紧,再以同样方法从“⊥”形左侧掏一遍,拉紧。如此这般,一个非常牢靠的绳结就打好了。6根斜向的绳索固定好后,在后顶毡的下部,左右两边还各有一根绳子,把它们垂直向下拉,并以同样的方式固定好后,顶毡的苫盖工作就结束了。(图4–15)

(2)前顶毡4根绳索,后顶毡四角4根、直边靠上位置左右各3根(其中一组为双头绳索),共10根绳索。这种类型的顶毡,苫盖、打结的方法都和第(1)种一致,只是由于绳索的数量更多,在围捆的方法上略有区别罢了:

第一步,将后片顶毡压住前片顶毡,并以相同方式将其固定。这样后顶毡就用去了8条绳索,并在蒙古包的正立面上围出了一组吉祥结。

第二步,将前顶毡上面的2条绳索甩过陶脑,东边的绳头拉向西北,西边的拉向东北,并在围绳上系牢。这样蒙古包的背立面上就出现了一个“×”形。

第三步,后顶毡上有一组双头绳索,在之前已经用掉了2根。这时将余下的2根反向拉拽,再在毡包背面组成一个“×”形。于是两个“×”形就组成了一个吉祥结。

第四步,将前顶毡下面的两条绳索下拉,固定在外围绳上。

有些地方(如锡林郭勒草原)的蒙古包,在顶毡的下部还有一圈绳环:顶毡铺好以后,牧民会用一条鬃绳把这些绳环和最上面的外围绳穿缀在一起,形成一圈锯齿形图案。这样不但丰富了蒙古包的立面装饰,而且进一步将顶毡固定住了。(图4–16)

图4–14　门头上的吉祥结

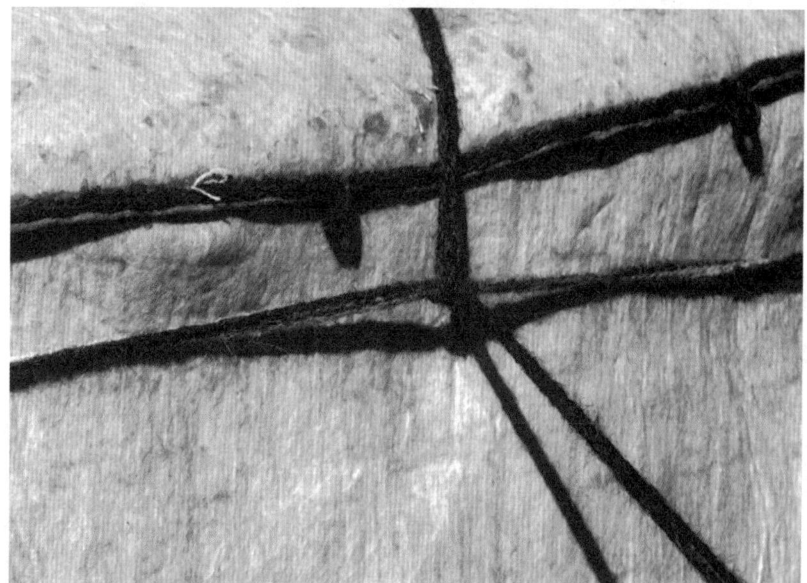

图4–15　围绳上打出的十字结

图4-16　穿缀顶毡和围绳的锯齿形绳索

4.盖顶饰

顶饰不是蒙古包的必需品。在过去，只有大户人家才有顶饰。不管造型如何，它的每个角上都有一条绳索。以比较复杂的八角星形顶饰（有四个平角、四个尖角）为例，它的苫盖方法大致如下：

第一步，使每个平角的中心与南北、东西轴线对齐。

第二步，将顶饰上预留出的圆孔与陶脑对正。

第三步，将上面的绳索向下拉紧，并和外围绳固定在一起。如果在风大的季节里搭包，也可以在蒙古包的周围钉木橛子，然后把顶饰绳索直接绑在上面。

在苫顶饰时有一点需要注意的是，单一的尖角不能对着南边的门头。理由很简单，因为顶饰上的绳索要固定在围绳上，而南边是门的位置，没有围绳，也就无法将其固定。所以正方形、多变形的顶饰要用斜边对着门头，八角星形顶饰要用平角对着门头，道理就在这儿。（图4-17）

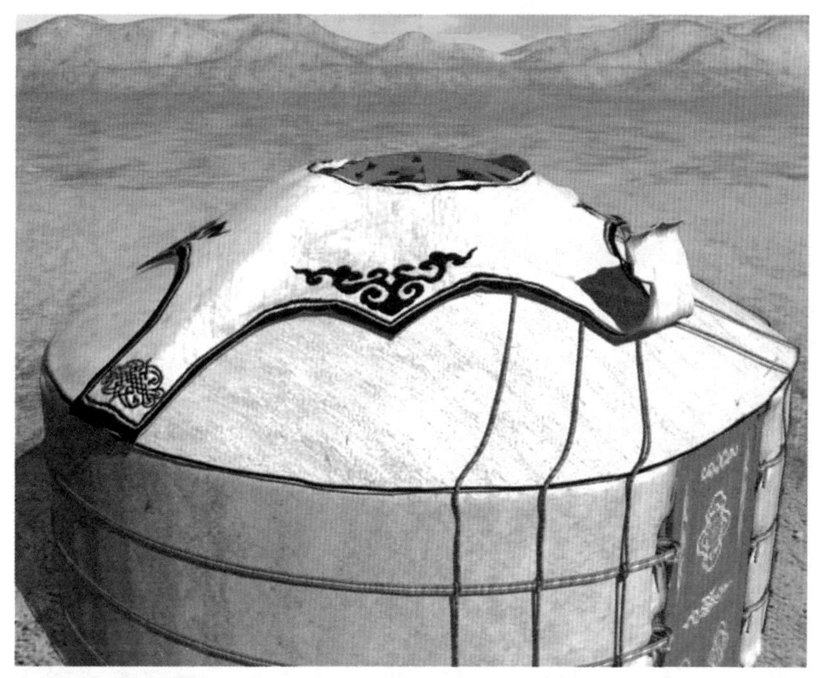

图4-17 苫盖顶饰

5.铺盖毡

在所有毛毡当中,盖毡是最受人尊敬的。它是一块四四方方的毡子,在每个角上都缝有绳索。上盖毡时,先要将其对折成一个等腰直角三角形。然后用木杆顶着斜边的中心,把它从北面推上蒙古包顶(重合的两个直角朝北,斜边朝南)。接着,将南边那个直角上垂下来的绳索甩过陶脑,并且拉直。这样盖毡就展开了。下一步工序是调整位置,盖毡摆放的位置必须端正,每个直角都要与轴线对齐。调整好后,牧民会将东、西、北三面的绳索固定在围绳上。然后再将南边的绳子从蒙古包西侧沿顺时针方向,重新拉回北面,并固定在中围绳上。因为依照蒙古人的习俗,白天里只要没有下雨下雪,盖毡是必须打开的。(图4-18、图4-19)

图4-18 上盖毡

图4-19 掀开盖毡

盖毡铺设好以后，一座蒙古包就算搭建完毕了。接下来主人家会在屋里设灶举火，并准备丰盛的食物，款待浩特里的亲朋。受到邀请的客人都会带着礼物和哈达，高高兴兴地前来赴宴。大家落座以后，一位长者会对新建的蒙古包进行祝赞。老人手捧哈达和银碗，一边吟唱祝赞词，一边把美酒或鲜奶祭洒到盖毡、陶脑、乌尼、坠绳等重要构件上。祝赞词的内容因时因地各不相同，有些是即兴发挥的，有些是自古流传下来的。

比如，在赞美盖毡时他会唱道：

迎进早晨的太阳，
挡住晚上的风。
不许雨水流入，
不让灰尘钻进。
坠着四根带子，
用四方白毡制成。
既是顶饰又是包帽，
将这高大的盖毡祝颂……①

在赞美坠绳时他又会唱道：

崭新的蒙古包今天搭建，
美酒和祝福流淌在草原，
献上鲜美奶食的德吉，
来祝赞你神奇的坠绳！
发情的公驼鬃搓成的坠绳，
制服突来旋风的坠绳，
发情的种马鬃搓成的坠绳，
镇服突来风暴的坠绳，

①引自《细说蒙古包》，东方出版社，2010。

保佑人财安然的坠绳，

是我们白色宫帐威严的象征……①

唱完所有的祝赞词以后，老人还会取出一条哈达，在上面穿3枚铜钱，其他客人也要把各自带来的铜钱穿在上面。然后蒙古包的主人接过哈达，毕恭毕敬地系在坠绳上面。到此为止，新包的落成仪式宣告结束。接下来，宾主围坐在一起，兴高采烈地享受丰盛的宴席。

前面所说的基本上涵盖了蒙古包搭建技巧的所有内容。但需要注意的是，在不同地区、不同民族、不同季节里，建造蒙古包的手法不尽相同。在此，为拓展知识，再讲讲在暖季和冷季里，蒙古包的一些搭建要点：

暖季蒙古包的建造

不同季节里搭建的蒙古包，其差别主要体现在覆盖物上。夏季是潮湿闷热的季节，为了保证室内通风凉爽，应该尽量苫盖那些较轻较薄的毛毡。另外，在苫围毡时应该使其位置尽量靠上。这样做有两点好处，一是防止夏季充沛的雨水把毡子沤烂，二是能让过堂风吹进室内。

在暖季里，除了苫盖毛毡之外，内蒙古东北部地区的牧人还会把芦苇和细柳枝编成席子，铺在蒙古包外面。这种特殊的苇包不但通风透气、隔潮防水，还能防止蚊蝇，真是优点多多。（图4-20）

在头一年的秋天，牧民会先把来年要用的芦苇、柳枝收割下来，进行储备。到了第二年的5、6月份再着手制作苇包的顶棚（相当于顶毡）和墙围子（相当于围毡）。一般情况下，一座苇包有5层芦苇顶棚和4片柳条墙围子。它们的制作方法并不复杂，就是用一

①引自《蒙古包文化》，内蒙古人民出版社，2003。

图4-20 苇包(引自《蒙古民族文物图典——蒙古民族毡庐文化》)

根一尺来长的大针,穿好马鬃绳,一排一排地进行缝纫即可。墙围子的造型规整,是一个标准的长方形,所以制作时要平行多缝几趟线。铺在乌尼上的顶棚带有弧度,并且层层叠压,每层的尺寸都不相同。一般来说,第一层和第二层顶棚盖在高处,由于直径较小,因而它们都是环形的。制作时要把芦苇铺成圆圈,然后转着圈儿缝纫。其他三层铺在下面,直径较大,可以展开来制作。制作时要把上面缝得紧一些,下面缝得松一些,这样将来铺到乌尼上时才能适应它的坡度和弧度。

苇包的木架和其他蒙古包无异,只不过覆盖的材料发生了变化。柳条做成的墙围子很挺,不像毛毡那样软绵绵的。只需将它们均匀展开,立在哈纳周围,再用一条围绳捆好即可。相对而言,顶棚的铺设要复杂得多。一方面,芦苇不能像毛毡那样,靠穿缀绳索来与木架固定。另一方面,芦苇表面光滑,很容易从包顶滑下来。但聪明的牧民对此还是想出了多种对策。

图4-21 苇包绳索示意图

第一种办法是在蒙古包周围的地面上钉若干个橛子。然后在一侧橛子上穿缀毛绳，并将其甩过顶棚，固定在斜向相对的另一个橛子上。这样，很多条绳索就组成了若干个吉祥结，将顶棚牢牢压在了乌尼之上。

第二种办法也是在地上钉一圈橛子，然后在每两个橛子之间拴一根较长的毛绳。接着以这些毛绳为基础，绕过顶棚斜向拉若干绳索，形成布满吉祥结的网络。将顶棚固定住。（图4-21）

还有一种办法是先用一个圆形绳环压在顶棚上，然后再以一条更长的绳索反复与之穿缀，形成若干个大小相等的三角形。最后在每个三角形的顶点向下拉一根绳索，固定在围绳上即可。

冷季蒙古包的建造

为了隔绝凛冽的寒风，冷季的蒙古包要苫盖多层毛毡。一般情况下，冷季毡包有2~3层顶毡，分别称为里顶毡、中顶毡和外顶毡；围毡也有2~3层，称为里围毡、中围毡和外围毡。它们的规格尺

寸完全一样，只不过牧民会把新擀制的毡子铺在外面，破旧的毡子铺在里面。

由于毡子的层数增加，铺设的顺序发生了改变。以3层顶毡、3层围毡的蒙古包为例：

第一步工序是盖里顶毡。苫盖时讲究前片压后片，而且顶毡的下边要将哈纳头包住。

第二步工序是围里围毡。围毡苫盖的位置非常重要，既要保证上部能压住盖过哈纳头的顶毡，又要确保它的下部能盖住哈纳腿。这样毡子之间才没有缝隙，冷风才钻不进来。

第三步工序是盖中顶毡。中顶毡可以东西向铺设。这种错缝做法同样是出于防风保暖的考虑。

第四步是围中围毡。

第五步是围外围毡。围好以后还要将3根外围绳绑牢靠。

第六步是盖外顶毡。苫盖时和其他季节一样，讲究后片压前片，并且顶毡的下部要把围毡裹住。

第三节
蒙古包的拆卸和搬迁

春季到来，草根吐新芽，
我们要迁徙到春营地去。
哦，路途遥远，牧场又是如此辽阔。
夏季到来，世界染新绿，
我们要迁徙到夏营地去。
哦，路途遥远，牧场又是如此辽阔。
秋季到来，风吹草叶黄，
我们要迁徙到秋营地去。
哦，路途遥远，牧场又是如此辽阔。
冬季到来，山野裹银装，
我们要迁徙到冬营地去。
哦，路途遥远，牧场又是如此辽阔①。

不知从何时起，这首悠扬的《四季歌》就开始在草原上传唱了。从歌词中我们能清晰地感受到游牧生活既充满艰辛，又给人带来无限希望。可以说正是这样的生活方式增强了蒙古人的体魄，塑造了他们坚定乐观、豪放不羁的性格。

①引自《蒙古包文化》，内蒙古人民出版社，2003。

搬迁是游牧生活里的一件大事。在动身之前,浩特里最有经验的人会先出去寻找新牧场,回来之后还要和左邻右舍一起商议决定。一旦选定了新牧场,就要派人在那里做上记号,这样别的人家看见后就不会再占那块地。

选定搬迁的日期也很重要,通常牧民都会请喇嘛帮忙。日期选好以后,要搬迁的人家得提前一天或几天开始准备,把所有的箱子柜子、家什用具都收拾好,只留下被褥和一些最简单的生活用品。到了搬迁那天,大家天不亮就要起床,一同拆卸蒙古包,一同准备车辆马匹,然后早早动身搬家。

一、拆卸蒙古包

蒙古包的拆卸省时省力,绑毛毡的绳索系的都是活扣,有经验的人轻轻一拽就能解开;木架之间也都是用绳索连接的,里面没有一钉一铆,轻而易举就能取下来。不要说身强力壮的棒小伙子,就连不那么有劲儿的妇女也能胜任这样的工作。

一般来说,拆卸一座蒙古包主要分为以下几个步骤:

1.解绳索

蒙古包的外面捆着各种各样的绳索,拆卸时先要把它们都解开。有些绳索是和毛毡缝在一起的,解开之后先不用管它。而围绳这类单体绳索,要按逆时针方向取下来,然后打成捆收好。

2.卸毛毡

毛毡是按自上而下的顺序进行拆卸的。首先要将盖毡从蒙古包的北边取下来,接着再依次把顶饰、顶毡、围毡等先后卸下。由于牧民很忌讳在新建蒙古包的地方给毡子掸土,所以它们只要被拆下来,很快就被清理干净,并按照搭建时要用的式样折叠好。

3.拆木架

毛毡都卸下来以后就可以拆木架了。最先取下来的是陶脑和乌尼。十字形陶脑、插接式陶脑、乌尼连接式陶脑的拆卸方法各有不同:

拆卸十字形陶脑其实就是安装它的逆过程。先把大部分乌尼杆卸下来,只在三个方向各留2~3根,用以保持陶脑的稳定。接着三个人手持乌尼,水平将陶脑端到蒙古包的南侧即可。

拆卸插接式陶脑时,要有一个人站在高处,双手把陶脑推高、扶稳。这样插在四周的乌尼就松动了,周围的人依次把乌尼取下,陶脑也就拆了下来。

拆卸乌尼连接式陶脑时,先要把正南、正北侧乌尼腿上的绳扣解开几根。这样它们就会因为重力的关系,悬空垂在陶脑的下面。接着,把捆在哈纳上的里围绳松开,哈纳就会因侧推力而外倾,这样悬空的乌尼腿就能落到地上并将陶脑顶住。最后,把其他乌尼摘下来,并分成四组捆好即可。

陶脑和乌尼都拆好以后,接下来的工作是拆卸门和哈纳。首先要把里围绳完全解开、打捆。然后再依次将连接哈纳的捆绳松开。接着把每扇哈纳折叠起来摞在一起。最后将木门整个摘下来,一座蒙古包就拆卸完毕。

二、搬迁

蒙古包的拆卸和装载是同时进行的。牧民的传统搬迁方式有两种,一种是车载,一种是驼运。

1.车载

这里所说的车是勒勒车,即一种用牛拉的木头车。在游牧生

图4-22　停放在浩特里的勒勒车

活里，一家人的所有家当都装在车上，车走到哪里家就搬到哪里。所以牧民心中并没有“家园”的概念，而只有“家车”的概念。（图4-22）

牧民的家车不只有一辆，而是有许多。每辆车的功能不尽相同，比如车上有篷子，能供人休息的叫“篷车”，装载蒙古包的叫“蒙古包三辆车”（一般一座蒙古包要装三辆车），运输箱子的叫“箱子车”，装水缸的叫“水车”，运粮食的叫“粮食车”，装牛粪干草的叫“柴薪车”，等等。所以，即使是普通百姓搬家，至少也要7、8辆车，如果赶上大户搬家，有20、30辆车也并不稀奇。（图4-23、图4-24）

图4-23　篷车(引自《蒙古族传统文化图鉴》)

图4-24　水车(引自《蒙古族传统文化图鉴》)

这些车平时就排成一排停放在蒙古包的后面，或者很多辆围成一圈停在浩特周围。搬家的时候，其他行李都已经在前一天收拾好了。主人只需把装载蒙古包的车拉到跟前，有条不紊地将拆下来的各种构件和大的家具装上去即可。

牧民装车很有讲究，所有东西都会被收拾得井井有条：

第一步，把蒙古包里的地毡、床毡等取出来，掸干净土，折叠好，然后铺在第一辆车的最下面。

第二步，用毛毡把各种箱柜、家具、细软包裹起来，放在这辆车上。

第三步，把橱柜、碗架等放在最上面，然后用绳子从前往后捆两圈。这样，第一辆车就装满了。

第四步，把一块围毡折叠好，铺在第二辆车的最下面。

第五步，把哈纳折叠起来，摞在围毡上面。其中，东南侧的那扇哈纳摆在最下面，西南侧那扇放在最上面。而且每扇哈纳之间都要用毛毡垫好。

第六步，在哈纳上面铺毡门帘，然后把木门置于其上，并用毛绳捆好。这样第二辆车就装好了。

第七步，把顶毡折叠好，铺在第三辆车的最下面。

第八步，把乌尼打成4捆，放在顶毡上。

第九步，把陶脑口朝上捆在乌尼上。陶脑里铺着盖毡，使其成为一个容器，然后把火撑子、奶桶等盛在里面。这样第三辆车也就装好了。

勒勒车多由桦木、榆木等质地较硬的木料制成，一车可以拉上300千克。搬家的时候篷车走在最前面，由一头老实听话的牛拉着。赶篷车的是家里的女主人，她控制着整个车队的行进方向和速度，可以说是这条“运输大队”的总指挥。篷车是搬迁时的临时居所，咿呀学语的孩子、年迈体弱的老人都被安顿在里面，以保证

图4–25 历史照片中的勒勒车（引自《蒙古民族文物图典——蒙古民族毡庐文化》）

他们在长途旅行中的舒适和安全。跟在篷车后面的是箱子车，每头拉车的牛都被拴在前一辆车上。其中装有佛像的要走在前面，其他放置衣服、杂物的紧随其后。再接下来的是粮食车、柴薪车、水车、蒙古包三辆车等等，也都要依顺序行进。骑着马的男主人走在整个车队的最后面，他的工作就是全程负责搬迁的“安保工作”。

虽然勒勒车看似简陋，但是它却和蒙古包有着同样悠久的历史和同样重要的文化价值。也正是因为如此，“蒙古族勒勒车制作技艺”入选了第一批国家级非物质文化遗产名录。（图4–25）

2.驼运

除了勒勒车以外，骆驼也是一种很好的运输工具（山区、戈壁常用骆驼，而平原、丘陵多用勒勒车）。一般情况下，一座小型蒙古包刚好能用两头骆驼搬走。具体的装载方式是这样的：

第一步，牵来一头骆驼，让它卧倒。然后把两块折叠好的围毡

垫在驼峰的空隙处，用来保护骆驼的后背。接着，用两捆乌尼一左一右地紧紧贴住驼峰两侧（乌尼头向后），并用绳索固定好。这样搭载蒙古包的驮架就做好了。

捆驮架时，绳索的固定很有学问。首先，要把一根长绳对折，并且将其兜住骆驼的前胸。接着，把双股绳头儿穿进对折的那端，抽紧。这样毡子、乌尼就被固定在骆驼身上。然后，两个人各执一根绳头儿，一个向骆驼头的方向拉，一个向骆驼尾巴的方向拉。最后，两人分别在两捆乌尼的前后位置，各用绳索打一个横向的“8”字。这样再往上面放其他东西，驮架也能稳稳当当的。

第二步，把各种毛毡铺在驮架上，然后将木门平放在最上面。这样第一头骆驼的东西就装好了。

第三步，牵来另一头骆驼，用两捆哈纳代替乌尼，哈纳的凹面朝里做一个驮架。

第四步，用床毡、地毡将小的箱子、柜子裹好，捆到驮架上。

第五步，把陶脑扣在所有东西的最上面，捆好。这样第二头骆驼的东西也就装完。

东西收拾停当以后，牧民还会把旧基址好好打扫一番。因为如果留下任何垃圾或是不洁之物，都是犯忌讳的事。

可以说，搬迁是展示一家人物质财富和精神状态的最好舞台。队伍中的人都经过精心打扮，各个容光焕发。沿途上的住户如果看到有搬迁的队伍经过，那么这家的女主人就会端着奶茶、奶食和肉食盛情招待他们。而迁徙的队伍也要暂作停留，接受人家的款待并表示谢意。等再次启程的时候，前来献茶的人家会祝福他们一路平安、吉祥如意，并用剩下的食物向神祇献祭。如果在沿途遇到敖包，那么人们就会进行一些简单的祭祀仪式。比如一边说着吉祥的话，一边把哈达系在上面，再顺时针转上三圈等。即使路上遇到了素不相识的过客，双方也会按传统礼节相互祝福。比

如,两队人都要从对方的右侧经过,一边相互问安一边把左脚从马镫里抽出来以示敬意等。(图4-26)

图4-26 搬迁的历史照片(引自《蒙古民族文物图典——蒙古民族毡庐文化》)

第五章 蒙古包的制作技艺

第一节 确定规模
第二节 木架的制作
第三节 毛毡的制作

由于已经很好地适应了游牧生活的需要，千百年来，蒙古包的建筑形态几乎从未发生过任何重大改变。也正因如此，蒙古包的制作技艺才能一脉相传，留存至今。在继承传统的同时，不同时代、不同地区的牧人又根据实践经验的积累和实际生活的需要，不断完善蒙古包的功能，提升建筑制作的技巧。于是时至今日，各种技艺终于日臻成熟，达到了炉火纯青的地步。

蒙古包是由木架结构体系，毛毡体系和绳索体系三部分组成的。因而，它的制作技艺主要涉及这三方面内容。由于制作木架和毛毡的工艺比较复杂，本章里将主要介绍这两部分内容。至于绳索的加工，方法比较简单，前面也已介绍过，这里就不再重复。笔者有强烈的感受，那就是蒙古族的妇女真的能顶半边天。经过仔细琢磨不难发现，古今中外，凡是和建筑沾点边的行业，从来都是男人的工作。造成这一现象的原因很多。首先，建筑行业里粗活儿累活儿多，妇女的体格没有男人强壮，大多无法胜任。其次，受封建礼教的束缚，妇女的社会地位低下。在有些地方，不要说外出干活，女人就算到建筑工地走一圈也会被看成是犯忌讳的事。但是在蒙古族，情况却不一样：加工蒙古包时，除了木架之外，其他东西都是由妇女制作的；搭建、拆卸蒙古包时，妇女也是重要的劳动力；即使在倒场搬迁的时候，最前面赶车领路的还是女人。由此可见，蒙古人对妇女的地位是何等的尊重。

接下来言归正传，看看一座蒙古包是如何制作和加工出来的。

第一节
确定规模

世界上的任何一种建筑，在建造之前，首先要确定它的样式、规模和尺寸。人们把这道工序称为“设计”，建筑师要通过设计方案反复推敲建造的可行性和安全性，并以图纸的方式将各种信息、参数传达给施工人员。但是在中国古代，工匠们并不画图纸，而是通过师傅传授的口诀，自己积累的经验，官方颁布的法式等来指导设计和建造。于是，不同地区、不同流派的匠人建造出的建筑就存在着比较明显的差异（这种差异性是非物质文化遗产的一个特点）。

在过去，蒙古包都是由牧民自己制作和加工的，因此同样反映了这种差异性。当你在不同的盟旗考察时就会发现，每处蒙古包的大小和式样都不尽相同。但即便如此，确定蒙古包的规模和尺度依然需要遵循一些基本原则。否则，如果建筑的跨度过大，或是其中的构件太过纤细，就会直接影响到蒙古包的安全性。那么这些原则是什么呢？经过长期的走访研究，有学者根据蒙古包的建造方式，归纳出牧民确定建筑尺度的一些常用原则，具体如下：

（1）门框高：4×半臂（相当于肘关节到拳头的长度，大约为32 cm）+1虎口（大约18 cm）=146 cm。这也是哈纳的高度，跟一个人坐在椅子上的高度相当。

（2）陶脑的直径=门框的高度=主梁长（陶脑东西方向的横木）。

(3)蒙古包的跨度(从南到北或从东到西的直径)=陶脑直径的4倍。

(4)蒙古包的高度:柱子+陶脑=6×全臂(相当于肘关节到手指伸开的长度,大约为40 cm)+1虎口=258 cm。或者是门框高度的1.5倍。

(5)乌尼长:陶脑半径(或门框高的一半)×3=219 cm。

(6)陶脑上插挂乌尼的窟窿眼,互相之间的距离为4指。[①]

虽然上述原则多少有些以偏概全,但从中还是能看出,和内地的传统建筑类似,蒙古包的各个构件之间同样存在一定的比例关系。这一事实充分说明蒙古包的建造并非毫无章法,而是有着一套完备的设计法则。当然,与官式建筑以"斗口[②]"、"柱径[③]"为基本模数不同,蒙古包的尺度是以人体的某个部位,比如手臂或手掌的长度为参照的。由于人的个体之间存在差异,加之制造的手法相对自由,并不僵化。这就使得每幢蒙古包所彰显出的都是一种独一无二的个性,而非程式化的共性。

---

①转引自《细说蒙古包》,东方出版社,2010。

②"斗口"是清代大式建筑平身科斗栱的坐斗在面宽方向上的刻口。所有建筑构件的尺寸,以及面阔、进深等尺寸的确定,都要以斗口尺寸为模数进行计算。

③"柱径"是小式无斗栱建筑中檐柱的直径。小式建筑的各种尺寸要以柱径为模数进行计算。

第二节
木架的制作

一、矫正木料

在制作蒙古包的木构件之前，首先要对各种木料进行先期加工。自然生长的树木虽然经过挑选，大体能符合制作的需要。但是毕竟还有很多地方该直的不直、该弯的不弯。所以对木料的矫正和粗加工就成了必不可少的环节。

制作蒙古包的木料必须提前一年开始准备。到了第二年，等所有木头完全干透以后就可以进行矫正处理，大体方法是：

1.熏蒸木料

在制作蒙古包的作坊里有一种用来熏蒸木料的灶。它的样子很像火炕，一侧可以烧火，旁边有烟囱排烟。加工的时候，先要在上面铺一层羊粪，并浇透水。然后把“火炕”烧上一天，直到羊粪上开始“嘶嘶”地冒热气，就可以把木头放在上面熏蒸了。如果需要处理的木料不多，也可以不铺羊粪，而是直接把木头插进烟囱里熏烤，这样加工起来更加方便，可以省去不少时间。（图5-1）

2.矫正

待木料熏蒸到一定程度后，就可以进行矫正。矫正用的工具是一根粗大的木头，它被横向放置，中间有一个凹槽，两侧用其他

图5-1　熏蒸木料的火灶

图5-2　矫正木料用的土机床

木料垫高。加工时把需要矫正的木头夹在凹槽里，一边旋转，一边用撬棍不断挤压、撬动。在整个过程中，为了使所有构件造型统一，还要提前准备一根样板，比照它的造型反复地撬动、熏蒸和比对，直到把所有木料加工成一样的形状。（图5–2）

二、制作陶脑

陶脑是蒙古包所有木构件中最复杂的一种。下面对十字形陶脑、插接式陶脑和乌尼连接式陶脑的加工工艺分别进行介绍。

1.十字形陶脑

十字形陶脑主要流行于新疆地区，是尖顶蒙古包常用的陶脑式样。这种陶脑构造比较简单，制作也相对容易。一般它的起拱位置用红柳条或灌木制作，下面的木圈用山杨木或榆木制成，具体工序如下：

（1）制作十字形圆拱

第一步，采集若干长度一致、粗细均匀的柳条。把它们一字排开，趁湿弯成适宜的弧度，然后用木橛子固定住，并晾干。

第二步，待所有木料定型以后，刮去表皮，并将它们的下面刬成平面。接着把柳条均匀地十字交叉，在每个交点上用木钉固定。（图5–3）

（2）制作木圈

第一步，计算出陶脑的半径，然后将一根与半径等长的木棍钉在一块木头上，这样就制成了一个简易的圆规。用圆规量出与陶脑弧度基本一致的木料，把它锯成4段或6段备用。

第二步，刮去木料表皮，重新用圆规准确量出陶脑的弧度，然后用锛子将木头砍成四棱柱形，并用刨子刨光。木料的横截面横

图5-3　木匠用的刮皮刀

竖均留一掌宽(约8 cm)。(图5-4)

第三步,用刨子把木料的4条棱推平,使其截面成为八边形。(图5-5)

第四步,把每块木料的两端剔成搭掌榫(长度不小于20 cm),然后用胶将其固定成完整的木圈。待胶完全晾干以后,在所有的接合位置钉上木钉。

第五步,在木圈外侧的下方均匀打一圈圆孔(垂直于剔出的斜面,斜着向上打孔),然后再将它们凿成方形(这样可以防止将

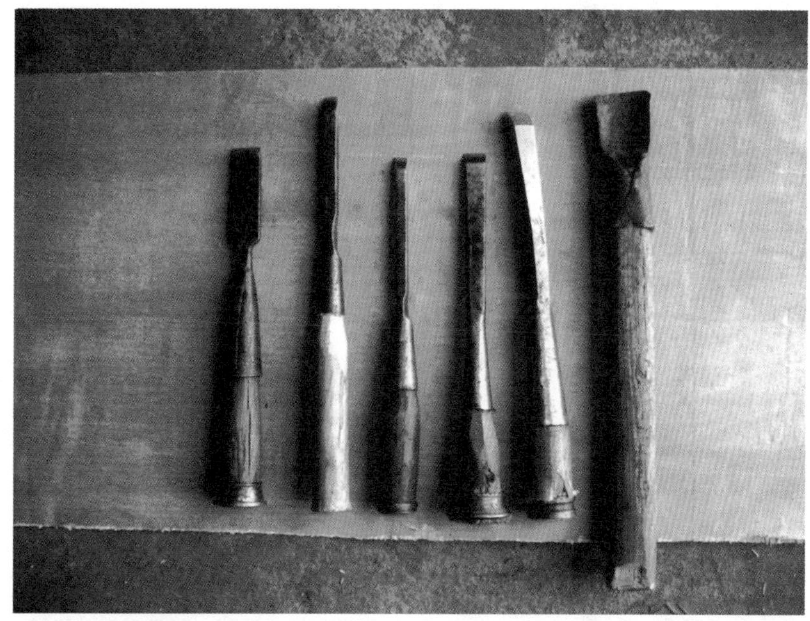

图5-4　各种锛子

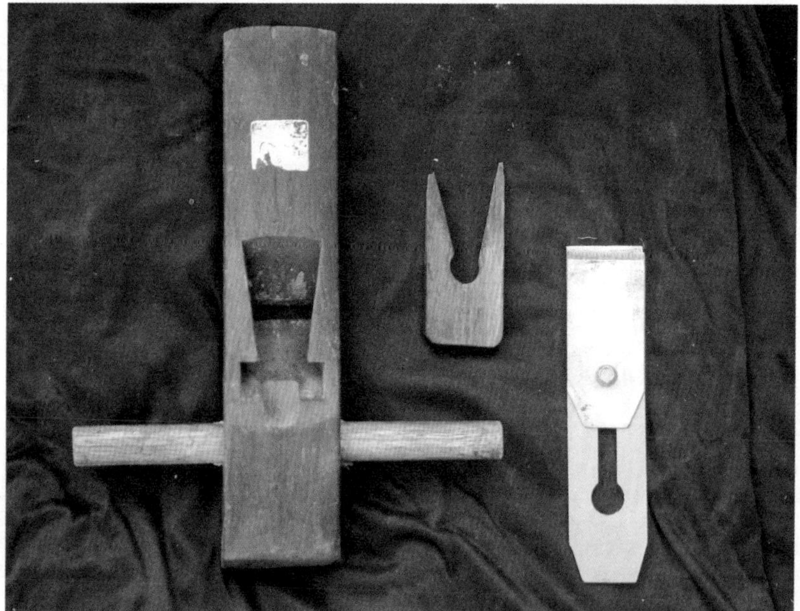

图5-5　刨子

来乌尼转动），用来插接乌尼头。打孔的数量从60~80个不等，根据蒙古包的规模和乌尼的数量而定。

第六步，比着已经做好的十字形圆拱，在木圈上面均匀打出12或16个眼儿。

（3）组合

第一步，把十字形圆拱插进木圈预留的孔中，并固定。

第二步，用湿的皮条把整个木圈横向缠一圈儿。等皮条干了以后就会收缩，这样能进一步加固陶脑，防止开裂。

第三步，用红土和上开水调成涂料，将陶脑刷成红色。

到此为止，一个十字形陶脑就制作完毕。

2.插接式陶脑

插接式陶脑是我国内蒙古地区和蒙古国境内比较常见的陶脑式样。它由木料榫接而成，主体结构是由一大一小两个木圈，十字交叉的主、辅梁以及斜向搭接的木枋（半梁）组成的。（图5-6）

（1）制作主梁

第一步，根据陶脑的大小量出主梁的尺寸，将木料粗加工成一面带有隆起的弓形。（图5-7）

第二步，在木料的下方水平拉一条直线，从直线的中点垂直向上量出1拃~1拃半的距离（1拃=22~25厘米）。以此长度为拱高，将木料加工成弓形的主梁。一般主梁长6~10拃，宽4~6指，厚3~4指（1指=2.5~3厘米）。

第三步，在主梁的两个侧面开卯口，用来和其他构件连接。这些卯口包括：正中一对方孔，用来连接辅梁；从中心向左右两侧各量出总长的约1/4，在此开方孔，用来和小木圈连接；将最外侧剔成搭掌榫，用来与大木圈连接。（图5-8）

（2）制作辅梁

第一步，按照制作主梁的方法，将一根木料加工成弓形。它的

图5-6 插接式陶脑

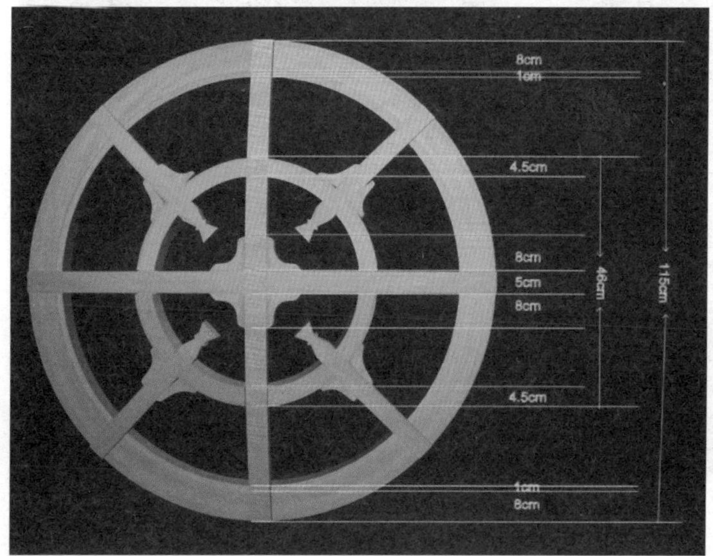

图5-7 估算出陶脑各构架的尺寸

图5-8 陶脑组合示意图

图5-9 小木圈连接示意图

弧度、长度、厚度均与主梁一致，宽度等于或略小于主梁。

第二步，将它从中心一分为二，在里侧开一对方榫，向外量出长约1/4主梁的长度开一个方孔，再在最外侧剔出搭掌榫。

(3)制作小木圈

第一步，将一根截面为方形的木头等分成四份，并将其矫正成弧形(弧形所在圆的直径约等于主梁的半径)。

第二步，将弧形木料的两端加工成方形的透榫，用来与主梁和辅梁连接。

第三步，在木料的正中开45°的方形卯口(开口朝上)，用来和半梁连接。(图5-9)

(4)制作半梁

第一步，根据主、辅梁的弧度，锯出4根弓形木料。其长度大于辅梁的一半，宽、厚3~4指。

第二步，在它的下面开方形卯口，并在外侧剔搭掌榫。

(5)制作大木圈

插接式陶脑的大木圈是由上、下两层木板，夹在中间的很多方木块以及挡在里面的挡板组成的。一般情况下，大木圈的上、下层木板各有8块，都是弧形的。制作时，先将下层木板排成一周拼好，然后在其上均匀排布一圈方形木块，分隔出用来插乌尼的空档。接着把上面那层木板扣好并进行胶合即可。拼木板时要注意上、下两层错开接缝，这样才能使陶脑整体更加结实。

随着加工水平的提高，现在还有一种新的做法，就是把上、下层的木板和中间的木块合为一体，做成弧形的齿状结构。它们上、下同样各有8块，错缝相扣后也能形成插接乌尼的一圈方孔。(图5-10)

大木圈制作好后还要用圆底的刨子将整体推刨平滑，再在里侧钉一圈木挡板才算真正完工。(图5-11)

图5-10　制作大木圈的齿状结构

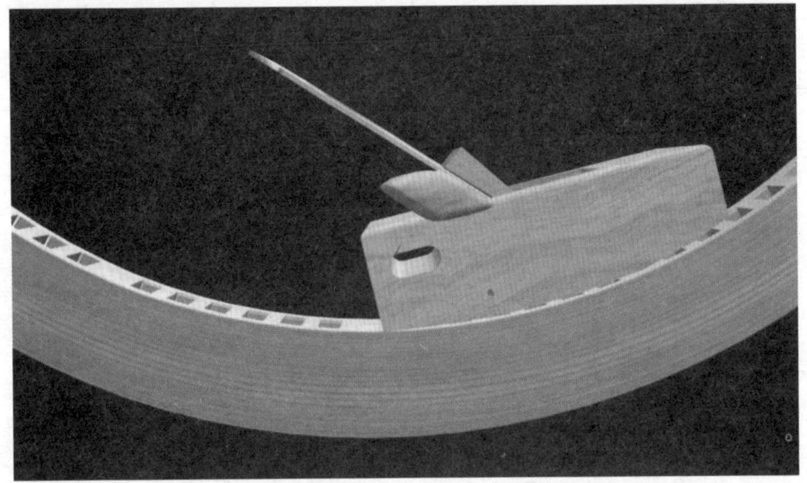

图5-11　用圆底刨子处理大木圈

(6)陶脑的组合

第一步，在主梁的两侧插上辅梁，形成一个“十”字形。

第二步，在主梁和辅梁的夹角中间，插上小木圈。

第三步，把半梁斜向扣在小木圈的卯口上。

第四步，把主梁、辅梁、半梁外侧的搭掌榫压在大木圈上(要

压住大木圈的接缝，以防止开裂），用大钻钻出孔，并用木钉固定，这样整个陶脑就组合好了。由于陶脑是用木头加工的，难免会有组合不严的地方，所以最后还要整体再检查一遍，有裂缝的地方要打入木楔子。之后就可以刷漆上色了。（图5–12、图5–13）

图5–12　大钻

图5–13　制作好的插接式陶脑

3.乌尼连接式陶脑

乌尼连接式陶脑和插接式陶脑的主体构造既有相似也有不同。相似点是这两种陶脑都是由主梁、辅梁、一大一小两个木圈以及呈45°的半梁组成的。不同点有二:一是插接式陶脑是一个完整的圆形,而乌尼连接式陶脑在主梁的位置一分为二,是由两个半圆形拼成的。二是前者的大木圈上留的都是方孔,乌尼头可以直接插进去。而后者的大木圈是由上、下两层柳圈和固定其上的若干木片组成的,这些木片的侧面都有小孔,需要用绳索把它们和乌尼穿缀在一起才行。

(1)制作主梁

第一步,将一根木料加工成弓形主梁。具体制作方法、规格和插接式陶脑基本一致。

第二步,在主梁的两侧开卯口,包括:正中一对方孔,用来和辅梁连接;从中心向左右两侧各量出长约1/4主梁的长度,在此位置各开一个方孔,用来连接小木圈;在这两个方孔的外侧各打一个圆孔,用来连接插闩(将来固定两个半圆形陶脑的木榫);在主梁的外侧两端各开出上2(或1)、下3(或2)个圆孔,用来固定大木圈。要注意的是主梁上所有的卯口都要打通打透。

第三步,沿着长的方向将主梁锯成两半(制作主梁时必须先开孔后锯开,否则两侧的卯口不容易对齐)。(图5-14)

(2)制作辅梁

第一步,按照制作主梁的方法,将一根木料加工成弓形。要求它的弧度、长度、厚度均与主梁一致,宽度略等于主梁的一半。

第二步,按照主梁的样式和尺寸,在辅梁上开卯口。由于以后辅梁要从正中一分为二,并垂直插在主梁侧面,所以中间的那对方孔和连接插闩的圆孔就不用开了。

第三步,把辅梁从正中锯开,然后分别在锯开的位置开一对

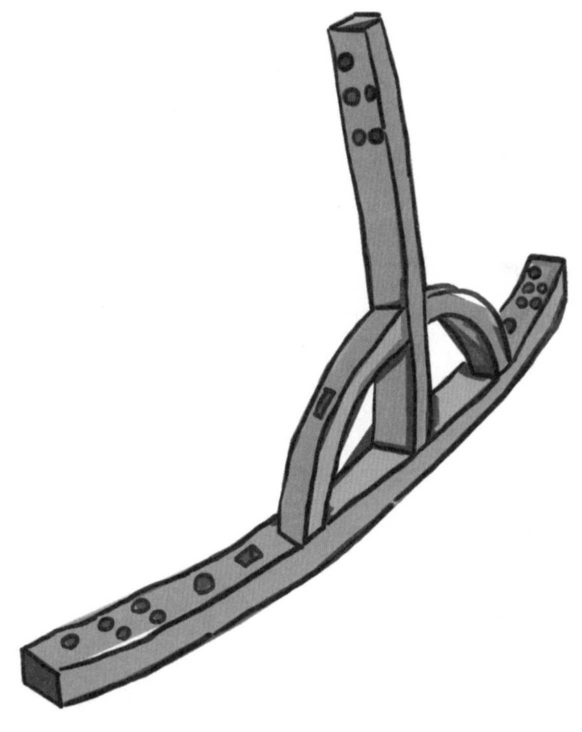

图5–14　主、辅梁及小木圈连接示意图

大小相等的方形透榫。要求透榫的宽度和辅梁宽度相同，长度则是主梁宽度的一半。

（3）制作小木圈

第一步，将一根截面为方形的木头等分成四份，并将其矫正成弧形（弧形所在圆的直径约等于主梁的半径）。

第二步，将弧形木料的两端加工成方形的透榫，用来与主梁和辅梁连接。

第三步，在弧形的正中开方卯，用来和45°的半梁连接。

（4）制作半梁

第一步，根据主、辅梁的弧度，锯出4根弓形木料。要求其长度略长于辅梁的一半，宽、厚3~4指。

第二步，在半梁的一侧开方形透榫，用来和小木圈固定。

第三步，根据主、辅梁的式样，在半梁的另一侧开上2(或1)、下3(或2)个圆孔，用来固定大木圈。

(5)制作插闩

插闩是将两个半圆形陶脑铆合在一起的木榫。制作时选取硬度较高的木料，根据主梁上留出卯口的尺寸进行加工即可。

(6)制作大木圈

乌尼连接式陶脑的大木圈是由上、下两层柳圈组成的。不同地区安装柳圈的数量不完全一样，但基本做法相同。

第一步，采集若干根拇指粗细的柳条，对其进行熏蒸和矫正，并弯曲成半圆形。然后，用木橛子将这些弯好的柳条固定，晾干。要注意的是，柳条的长度必须大于实际需要的长度，否则就有可能出现不够用的情况。多出来的部分待陶脑组装完毕后方可锯掉，这就是所谓的"短铁匠，长木匠"。

第二步，等柳条定型后，将其表皮刮去。

(7)制作穿缀乌尼的木片

为了将来能把乌尼穿到陶脑上面，在上、下两层大木圈的中间就需要固定一圈打了孔的木片。这种木片长1拃有余，一头宽、一头窄(最宽处约两指，厚一指有余)，造型有点儿像把钥匙。这把"钥匙"的侧面至少有2对孔(如果是上1下2根柳条的大木圈，"钥匙"侧面就开2对孔；如果是上2下3根柳条的大木圈，"钥匙"就要开3对孔)，用来和两层大木圈固定。在它的窄侧横向还有一个孔，这就是将来穿乌尼的地方。(图5-15)

这种木片加工起来并不难，但是由于数量很多，所以制作时要确保每片的规格、打孔的位置等一致。

图5–15　乌尼连接式陶脑的大木圈

(8)陶脑的组合

第一步,把辅梁的双榫砸入主梁,形成“丁”字形。

第二步,把小木圈插入主梁和辅梁的两侧。

第三步,把半梁斜向插在小木圈上。

第四步,用上面2根(或1根)、下面3根(或2根)的半圆形柳条将主梁、辅梁、半梁穿在一起,形成一个大的半圆形。柳条多出来的部分,要比着主梁外侧锯掉。(图5–16)

第五步,穿缀木片。首先,把木片宽的那头儿插进两层柳圈中间。然后用生牛皮或驼皮制成的绳子把它们捆在上面(具体方法见图)。捆的时候,以木片上的两个孔为一组,横向和大木圈固定(上层的所有柳圈和下层最外面的柳圈上也要斜向打孔，打孔位置需和木片上孔的位置对齐),每组各用一根皮绳,相互之间不要交叉。皮绳最好是用刚宰的牲口皮子制作,如果是用干了的皮张

制成的话，要先用热水将其泡软才行。（图5–17）

穿好木片以后，半个陶脑就做好了。接着再重复以上步骤将另外半个陶脑也加工好即可。

上面介绍的是三种常见陶脑的常规做法。实际上不同地区的做法各具特色，并不一致。但是由于其中的原理大同小异，故不再冗述。

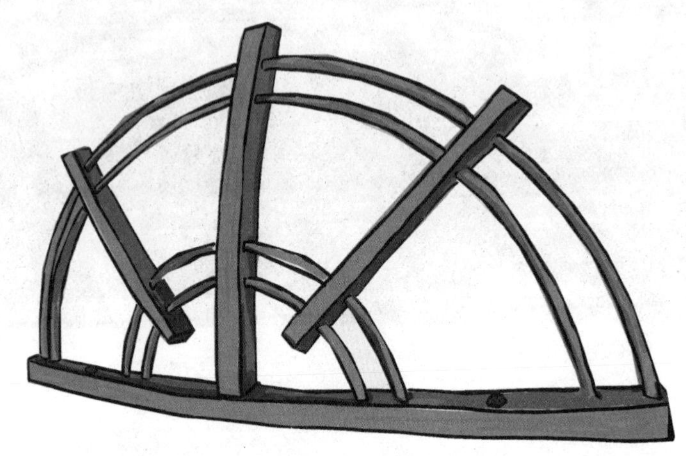

图5–16　乌尼连接式陶脑组合示意图

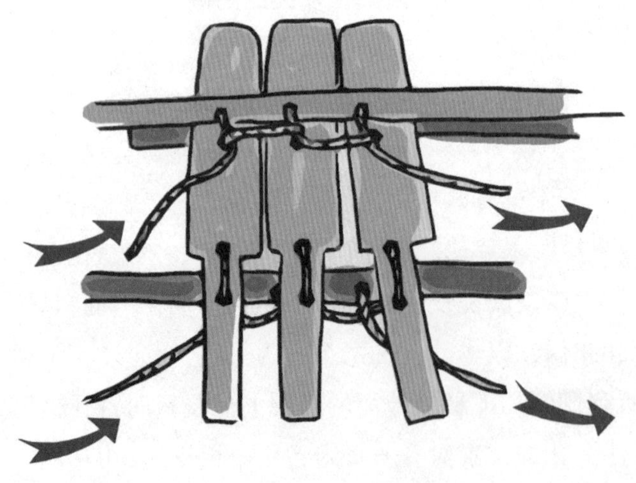

图5–17　穿缀木片示意图

三、制作乌尼

乌尼的形制有两种，一种是上下通直的，另一种是上直下弯的。一座蒙古包的所有乌尼都要使用相同的木材，一般以山杨或红柳木居多。由于它的构造比较简单，接下来介绍直杆乌尼的制作方法。

（1）备料。采集若干无疤节的红柳（长度在2.5m左右，粗细约一握），然后打掉枝杈、刮去表皮，并把表面打磨平整。（图5-18）

（2）泡料。将所有木料放进热水中泡透。

（3）矫正。将木料弯曲的地方矫正。

（4）锯料。先根据实际需要将所有木杆锯得一样长，然后再在上端量出0.3~0.5m，将其削成方头儿。

（5）打孔。在乌尼下部量出2~3指的距离，用大钻打孔。如果是乌尼连接式陶脑用的，还要在顶端横向打孔。

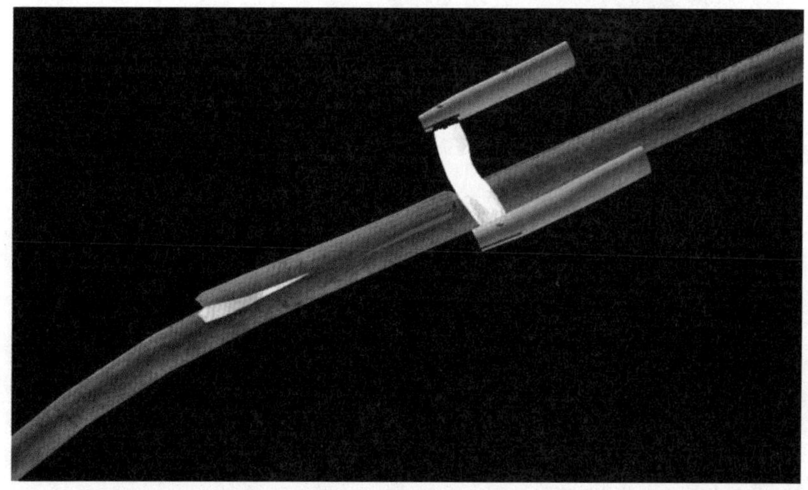

图5-18　刮掉木料的表皮

(6)穿绳环。在乌尼下部的孔里穿上绳环。

(7)上朱砂。将乌尼通体涂上朱砂。

经过以上步骤之后,直杆乌尼就制作好了。弯腿儿乌尼的做法和它基本一样,只不过在矫正的时候要把乌尼腿儿弯出合适的弧度。具体弧度没有严格要求,只要能使蒙古包的外形圆润,并且不会捅破围毡就行。

另外,对于乌尼连接式陶脑来说,还有一道工序就是把陶脑和乌尼串连在一起。其实这一步没什么技术含量,只要用一根马鬃绳或皮绳将它们一个挨一个地顺序穿好就成。(图5-19)

图5-19 穿缀乌尼示意图

四、制作哈纳

哈纳是由长短不一的两排柳条组成的网状构件。由于网格的

每个交点都是可转动的，从而为哈纳提供了可伸展、收缩的性能。哈纳的种类不多，区别主要体现在外观上：新疆地区的哈纳一般没有弧度，而内蒙古地区的哈纳往往上部收缩、中间微隆，形成一道“S”形弧线。展开的哈纳呈长方形，它的大小与柳条的用量以及网格的间距有关。一般情况下，一扇哈纳有15~21个头（顶部的“V”形开口），但是具体数量还需根据蒙古包的实际大小确定。下面就以内蒙古地区的哈纳为例，介绍其制作方法。（图5-20）

（1）备料。红柳分量轻、韧性好、不易开裂，是制作蒙古包各种木构件的理想材料。采集足够的柳条以后（比乌尼略细），要先对它们的使用数量、排布间距、打孔位置等进行估算。由于哈纳是斜向交叉的，用于两端的柳条长度都不相同。所以需要把各种细节全盘考虑清楚后才能动手。

（2）熏蒸、矫正。先把一根柳条熏蒸、矫正成“S”形，当做样板。然后比着它的形状将其他柳条全加工出来。要注意的是，每根柳条都必须照着唯一的那个样板制作，不能用后一根比着前一根做，否则后面加工出来的就会越来越走样。（图5-21）

（3）削制。用刮刀削去柳条的表皮，并把它加工成一样的粗细。然后将两层柳条的交点处铲平、刨光。

（4）打眼儿。第一步，先将所有柳条一字排开，上下对齐后固定住。

第二步，在最外侧的那根柳条上打眼儿，然后以它为样本，横向画出若干条水平线。其他柳条以这些水平线为基准，在相应的位置打眼儿。

需要注意的是，柳条上的眼儿并不是平均分布的，因为这样会限制哈纳的开合度。所以牧民一般会在打几排眼儿后，故意空出一排不打。不同地区打眼儿的排布有所区别，比如有些地方会先打4排眼儿，然后空1排、打2排，空1排、打2排，如此反复；有些

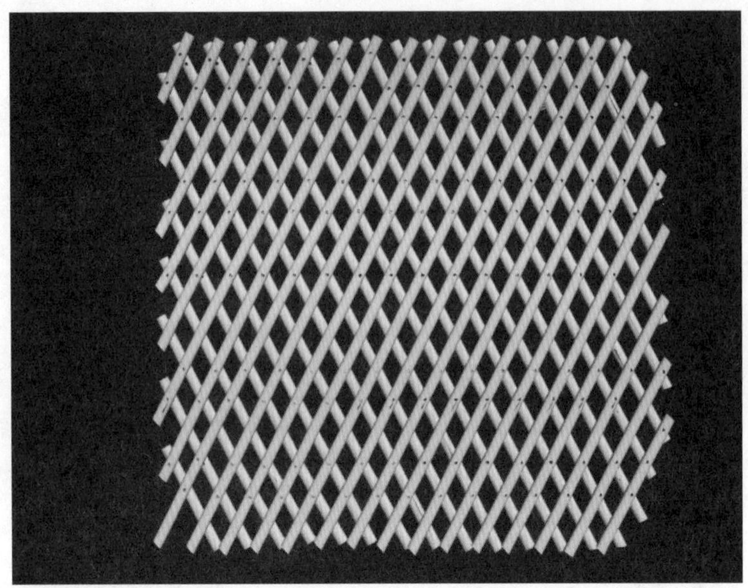

图5-20 展开的哈纳

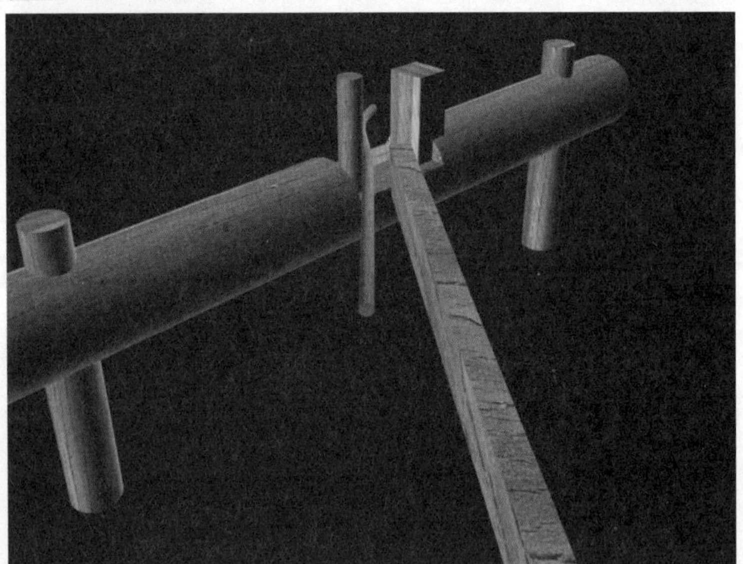

图5-21 矫正哈纳杆

地方会打3排，空1排，打2排，空1排，再打2排，空1排，最后再打3排……具体使用哪种方法可视习惯而定。（图5-22、图5-23）

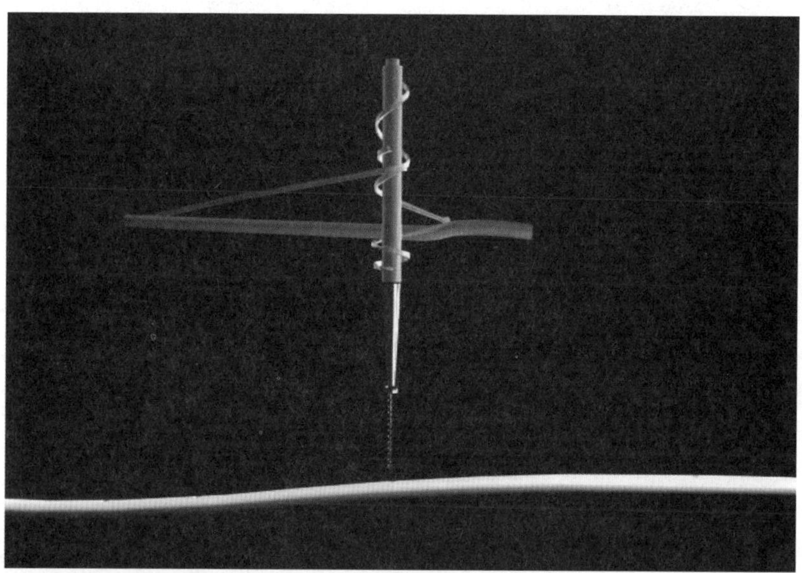

图5-22 用大钻打眼儿

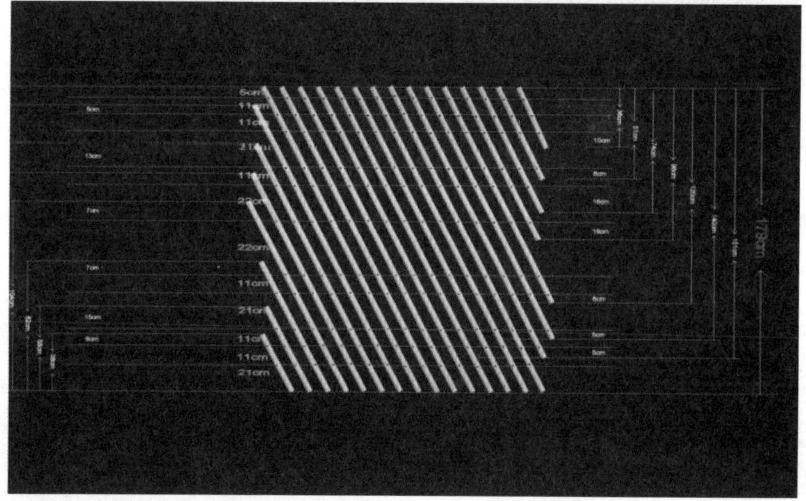

图5-23 哈纳眼儿的排布

(5)锯料。制作哈纳的柳条有整料和截料之分。整料排在中间,截料排在两侧。在备料的阶段,就应该先把柳条的排布方式、木料的截法都想好。不同大小的哈纳,整料和截料的数量都不相同。根据实际情况,把一侧的柳条锯成一长一短的两根,如果长的放在左边,短的就放在右边对角的位置,每根都不会浪费。

(6)钉皮钉。第一步,把生牛皮或骆驼皮削成筷子粗细的皮条,然后放在水里泡软。(图5-24)

第二步,用皮条穿过前后两排哈纳,然后在穿进去的那头,顺着用刀拉一道豁口。把多出来的那段皮条弯回来,插进豁口里,拉紧,这样就穿出来一个小疙瘩。(图5-25)

第三步,用同样的方法在哈纳另一侧穿一个疙瘩,并把多余的皮条割断。这样等皮子干透以后,前后两根柳条就会被紧紧地拽住。

用同样方法把所有皮钉都钉好以后,一扇哈纳就做好了。

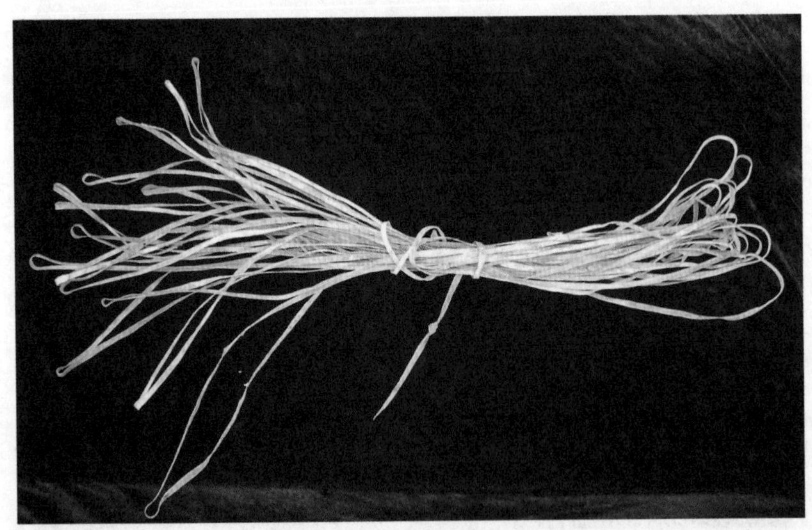

图5-24 钉皮钉用的皮条

图5-25 钉皮钉

五、制作木门

蒙古包的木门既是建筑的出入口，也是搭接乌尼、拴缀哈纳的结构构件。木门一般都比较低矮，高度在130~145 cm，主要由哈纳的高度决定。木门可以分成门框和门板两部分。（图5-26）

1.门框的制作

门框是由门楣、门槛、门梃、立柱4部分组成的。

（1）估算和备料。门的高度随哈纳而定，宽度一般在70 cm左右。制作之前先要将大体尺寸确定好，然后进行备料。可选的木材种类很多，松木、榆木、桦木、杨木等都是制作门框的理想材料。

（2）制作门楣。根据需要的尺寸，锯出长条形木头。然后在横

图5-26　木门

宽方向上，平均开6个方形卯口（也可以多开几个卯口，需根据蒙古包的规模和乌尼的数量而定），用来安装门码（长方形的小木榫，挂乌尼的构件）；然后在对面一侧，左右各留出大约半拃的距离，各开两个长方形卯口，用来固定门梃和立柱。

(3)制作门槛。门槛的宽度和门楣相等，高度略高，由一或两块木头制成（如果是两块木头组成的，就需要上下开出榫卯，并插在一起）。门槛做好以后，也要在左右各留出半拃，开长方形卯口，

以便和门梃、立柱连接。

(4)制作门梃。门梃是立在门框两边的竖框。木料锯好以后，要在它的上、下两端剔出方形榫头，然后顺着木料的方向凿3、4个圆孔(也可安装铁环)，以便搭蒙古包时绑系围绳。

(5)制作立柱。立柱是搭蒙古包时，用来系哈纳的方柱。它与门梃等高，平行(或稍稍错后)安装在门梃的外侧。加工时需选取木质较硬的材料，锯成细柱，两边再留出榫子即可。

(6)门框的组装。门框的构造很简单，就是一个四方形的木框架。安装时只需对准榫卯，将门楣、门槛、门梃、立柱插接到位。框架组好之后，还要在门楣上安装门码。所谓门码，就是比较粗大的木楔子，先把它们从预留的卯口砸进去，再将露出来的那头锉圆或凿出造型即可。

2.门板的制作

蒙古包门板的做法和内地差不多。首先把2指厚的木板对缝拼接、胶合在一起，并用刨子推平。接着，再把这些木板镶嵌到由窄木条组成的门板框架里即可。

门框和门板都做好以后就可以进行整体组装。在过去，门板外侧的上下两端都装有木门轴，门框上也预留出了圆孔。先把上面的门轴插好，再对准下边的圆孔向下一落，门板就装上了。这种门的门板和门框不是固定在一起的，随时都能进行安装和拆卸，因而运输起来比较方便。不过到了今天，人们大都已经用金属合页代替了木质的门轴，这样门缝较小，不易透风，但是不能再拆卸。

第三节
毛毡的制作

一、擀制毛毡

前一节里讲的是木工活，那是男人的舞台，充分展现了蒙古汉子的力量和智慧。说到毛毡的制作，这种细致的工作只有心灵手巧的妇女才能胜任。

草原上五畜兴旺，妇女们成天都要和毛料、皮张打交道，因而处理起来自然是驾轻就熟、得心应手。和农耕地区不同，春天是草原上收获的季节。到了每年的农历4月前后，草原上就会呈现出一片热闹的劳动景象。各家各户聚集起来，忙着剪羊毛、驼毛、马鬃等。赶上年景好的时候，各种毛料会堆积如山(图5-27)。这时，牧民就会留下其中的一部分自己使用，剩下的便拿到市场上出售或交换。在蒙古人的心目中，毛毡是最重要的生活资料之一。当代蒙古族诗人斯沁朝克图曾经在作品里这样赞颂毛毡：

当我来到人间的时候，
初见的天空是毡子的，
当我脱开襁褓的时候，
匍匐的大地是毡子的。
当我蹒跚学步的时候，

图5-27　草原上剪羊毛的盛况（引自《蒙古民族文物图典——蒙古民族毡庐文化》）

扶靠的山峦是毡子的……
斑驳不一的世界上，
处处都有家乡的毡子，
无论奔波在天涯海角，
毡子将温暖我的人生。[①]

正是由于它有着如此重要的功能，牧民收获下来的毛料大多

①引自《蒙古包文化》，内蒙古人民出版社，2003。

数都会被擀制成毛毡。擀毡的时候,浩特里的人家,甚至住在远处的亲戚朋友都会赶过来帮忙,大体工序是这样的:

第一步,先把备用的羊毛选好,黑色的羊毛不能用,其他的杂质也要一并剔除干净。然后把它们铺开、晒干,并把缠成一团儿的毛料尽量扯开。

第二步,把毛料平铺在旧毡子或是大苫布上,妇女们相向而坐,每人双手各持一根木棍,用力弹打羊毛,直至它们变成细密的毛絮。在弹羊毛的同时,边上还要有人在上面洒些鲜奶,并吟唱祝赞词。词的内容大致是:

用羯羊的绒毛制成的,
邀请邻里共同制成的,
用那弹木杆子抽打成的,
美丽的媳妇儿们精心制成的。
结实耐用的毡子啊,
祝愿用这毡子盖成的蒙古包里,
永远洋溢着吉祥幸福……

第三步,把弹好的羊毛铺在一块名叫“套日尕”的草帘子上,先洒些水,然后把帘子和羊毛一块儿卷成捆,并用绳子系紧。接着在这捆羊毛外面再套一个很大的绳环,一个人拉着绳环走在前面,还有三五个人一边在后面跟着,一边用脚踩踏滚动着的羊毛捆。这样就能把原本蓬松的毛料踩紧、踩实。

第四步,先把草帘子打开,取出已经大致成型的毛毡。然后在不平整的地方续上羊毛,再单独把毡子卷成卷儿。这时,四五个人跪成一排,把全身的重量压在小臂上,反复揉搓、滚压毡子。

经过以上工序之后,一块洁白的毛毡就擀好了。不过上面讲的主要是小块毛毡的擀制方法,如果要做大块的毡子,那整个工程会更加复杂一些。首先,做毡子那家要请喇嘛选定一个吉利的

日子。然后，他会通知亲朋好友过来帮忙。制作时，要由一位有经验的人指挥全场。大、小毛毡的擀制方法基本一样，但由于毡子过大，人的脚踩不瓷实，所以在把羊毛打成捆以后，两个男人会骑在马上，用绳子拉着羊毛捆在草原上飞奔，而且一跑就是一二十里路。在这过程里，他们还要不时打开捆子，调整毛毡和补充羊毛。经过这么一番忙活，一张崭新的大毛毡就诞生了。在收工以后，主人家还要举办“新毡子宴会”，款待过来帮忙的男女老少和住在同一浩特里的人，有时还要给他们送上奶食品和其他礼物。

二、制作毛毡

整块的毛毡擀制好以后，就可以对其进行剪裁和制作。牧民一般会比着以前的旧毡子加工，这样做出来的尺寸比较准确，干起活儿来也更加方便。如果是新建的蒙古包，没有旧毡子可比对的时候，就要重新计算、裁剪和制作，大致的方法是这样的：

1、制作盖毡

（1）剪裁。盖毡是覆盖陶脑用的四方形毡子，它不但要将陶脑完全盖住，而且四边还要再留出一些距离。剪裁时，先量出陶脑的直径，然后每边再放出一拃的长度即可。

（2）锁边。把盖毡的四条毛边折到下面，用马鬃绳压着折过来的两层毡子锁一道边。经过锁边的毡子不但好看，而且周围不易起毛，不易变形，这是制作各种毛毡的必备工序。（图5-28）

（3）缝带子。首先，把羊毛和马鬃混在一起，搓成3 m左右长的扁绳。接着把绳子的一头缝在顶毡角上，四角各一根。最后，把绳子的另一头用布缠好、缝结实。

事实上，制作各种毡子的工序大同小异，基本就是剪裁、锁

图5-28 毛毡上的锁边

边、缝带子这三样。在这当中,由于每种毡子的大小、形状各不相同,因而差别主要体现在剪裁上面。

2.制作顶毡

顶毡分前后两片,形状好似一个大扇面。搭蒙古包时,它上面的小圆弧要和陶脑对齐,下面的大圆弧要和乌尼腿儿对齐。剪裁时,先用一道木橛子把整块毛毡钉在地上,在上面拴一根长度等于陶脑半径+乌尼长的绳子。用这个"圆规"在毡子上画个半圆,这就是顶毡的大体形状。接着,再用和陶脑半径等长的短绳量出小圆弧的位置,一块顶毡基本上就量出来了。需要注意的是,搭建蒙古包时,后顶毡是压着前顶毡的,这样包顶才没有缝隙。所以剪裁后顶毡时,两条直边还要各放出一拃到一拃半的距离才行。

顶毡剪下来以后,先要锁边,然后再根据实际需要,缝上若干条绳索,具体方法不再冗述。

3.制作围毡

蒙古包的围毡是长方形的,由于没有弧线和各种棱角,因此

直接擀制出来就行。一般情况下围毡共有4块，制作前先要比着哈纳的大小大体量出尺寸，然后上下左右各放出一拃左右进行制作。擀制围毡时可以做得稍微大一点(尤其是西北侧那块)，因为这样正好能盖住各处的接缝。但是万一做小了也不要紧，可以通过弥接的办法把不够的地方补上。

围毡的面积大、分量重，做好以后要在上面均匀地缝一排短绳，这样在搭蒙古包时就可以把它们拴在乌尼杆上，防止下滑。

4.制作毡门

所谓的毡门其实就是一道门帘。它的长宽以门框的外棱为准。从大毡子上剪下来以后，要在靠上的位置，左右对称钉两块碗口大的牛皮，中间穿出窟窿、安上铁环。然后，用一根皮绳穿过铁环，这样将来就可以把它系在门头上了。另外，在毡门上面的两个角上还要缝上绳子，将来系在乌尼腿上。有了这些绳索之后，遇上再大的风也不会把它的四角吹起来。

5.制作顶饰

顶饰是盖在顶毡上的一层装饰毡，它的造型丰富，有圆形、多边形、八角星形等各种式样。顶饰的外观漂亮，轮廓曲折，但是制作起来却比较麻烦，以八角星形顶饰为例，它有四个平角、四个尖角，平角略长，分别指向东南西北四个正方向；尖角稍短，分别指向东南、东北、西南、西北四个方向。制作时要比量着已经做好的顶毡进行。

第一步，根据两块顶毡围出的小圆，裁剪出陶脑的位置。

第二步，以陶脑的位置为中心，画两个垂直的长方形。它们就是顶饰上伸出的四个平角，宽约1尺，长度略小于顶毡的直径。

第三步，画两条垂直相交的线段，长度大于平角总长的一半。这个十字要与之前的十字以45°交叉，形成一个“米”字形。线段的四个端点是尖角的位置，用圆滑的弧线将它们与平角连在一起，并进行剪裁，一个漂亮的顶饰就大体成型了。

剪裁好后，牧民还会用双道毛绳进行锁边，并在每个角上缝6、7尺长的绳索，这样一个顶饰才真正大功告成。

以上介绍的只是各种毛毡的基本做法。事实上，毛毡最大的亮点体现在它们的装饰性和艺术性上。每块毡子的纹饰都是妇女们根据长辈的教导和自己的创造，一针一线绣出来的。这些纹饰不仅线条流畅、繁简得当，而且装饰题材涉猎甚广，从抽象纹样到花卉走兽无所不包。正因为有如此之高的艺术价值，蒙古族的制毡技艺才被视为是民间美术中当之无愧的瑰宝。（图5–29）

图5–29　蒙古族妇女正在制作漂亮的毡绣（引自《蒙古民族文物图典——蒙古民族毡庐文化》）

第六章 蒙古包的室内外空间布局与礼俗文化

有学者指出,游牧文化是一种圆形文化,这在蒙古包的空间布局上体现的尤为明显。蒙古包的建筑平面是圆的。在室内,各种家具围绕着中心火灶排成圆形;在室外,勒勒车和其他用具也围成一个环形。之所以会出现这一有趣的现象,主要是游牧民族自古崇拜苍天,为了区分“已开发的空间”和“未开发的空间”,“受保佑的空间”和“不受保佑的空间”,人们模仿圆形的天穹将建筑的室内外进行了观念上的划分。不仅如此,由于蒙古包是由圆形的窝棚逐渐演变而来的,因此它的这种布局方式在很大程度上继承了上古遗留的“基因”。

蒙古包的室内布局特征可以用“一点、一圆、一十字”来概括,室外布局虽然并不严整,但大体也呈环形排布。接下来将深入介绍蒙古包的室内外空间形态,以及与之相关的各种文化习俗。

第一节
蒙古包的室内外空间布局

如前所说,蒙古包的室内外空间布局是游牧民族原始时空观的一种反应。这里所说的“原始”并不带有任何贬义,而是指其中蕴含的观念由来已久,已经成了蒙古人的传统和习惯。在外人眼中,蒙古包的室内空间可能是乏味的:一个集中式的圆形布局,其中没有任何分区和隔断,这似乎过于简单和直白。但是如果你深入了解以后就会发现,其中所蕴含的文化远比表面的丰富得多。

蒙古包的室内布局特征可以用三个词来概括，那就是“一点”、“一圆”、“一十字”。所谓的“一点”指的是建筑的圆心点，那里是神圣的火灶的位置；“一圆”指的是围绕火灶的起居空间；“一十字”指的是蒙古包的南北轴线和东西轴线，它们把室内划分成了男人的空间和女人的空间，长辈的空间和晚辈的空间，神圣的空间和世俗的空间……

一、火灶——蒙古包神圣的中心

在蒙古语中，火灶被称做“高勒木图”，有“发源地”、“香火延续”等含义。有学者认为，火灶“是蒙古包语义学意义上的核心，它在蒙古包空间形成时起读数点的作用，家庭的全部生活都围着这个地点进行。此外，它又是祖先和后代之间联系的环节，是世代传承的象征。”①可见，火灶在游牧民族的心目中有着非常神圣的地位。

最早的时候，火灶是由三块石头组成的，蒙语叫“图勒嘎”。在过去的很长一段时间里，牧民会带着这三块石头一同搬迁。到了后来，他们才把这些石头留在原址，转而到新地方寻找别的石头代替。在蒙古国，牧人习惯称这些石头为“父亲石”或“祖先石”，与之相关的风俗有很多，比如生活在苏赫巴托尔省的达里岗嘎人就会在每天清晨，用第一次挤出来的鲜奶将这些石头微微淋湿，进行祭祀。

后来，金属的火撑子逐渐代替了火灶的三块石头，但是它的名字并未改变，还是叫做“图勒嘎”。早先的火撑子是青铜铸的，下

①引自：蒙古人的空间观和时间观研究[J]；《蒙古学资料与情报》；1991年03期。

面有三条腿，其中一条朝向南方，代表家里的晚辈，另外两条分别朝向西北和东北，代表家里的男主人和女主人。有些地方在迎亲办喜事的时候，新媳妇必须向南面的火撑子腿磕头，这一习俗大概就和上述的传统观念有关。后来，随着冶炼技术的发展，铁的、钢的火撑子相继出现（有些汗王甚至使用镀银的火撑子）。与此同时，它们的造型也越来越复杂，四条腿的、六条腿的、带雕花的、可拆分的，式样层出不穷。（图6–1）

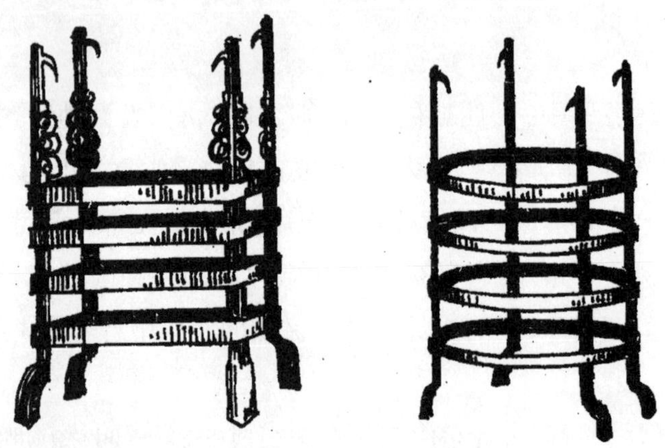

图6–1　方形和圆形的火撑子（引自《蒙古族传统文化图鉴》）

在蒙古包里，火撑子是最神圣、最重要的摆设之一。蒙古包搭建好以后，最先要做的事就是立灶。牧民会通过让坠绳自然下垂的方法确定蒙古包的中心点，而那里就是安放火撑子的位置。如果是三条腿的火撑子，那么其中的一条腿必须正对南方；如果是四条腿的式样，那每两条腿之间的连线必须和南北、东西轴线平行。火撑子摆好后还要在它的下面放一个方形木框，木框的每条边都要和火撑子保持相等的距离。在火撑子上放铁锅也是有讲究的，摆放得平稳端正当然最好，但由于需要经常使用，铁锅难免会

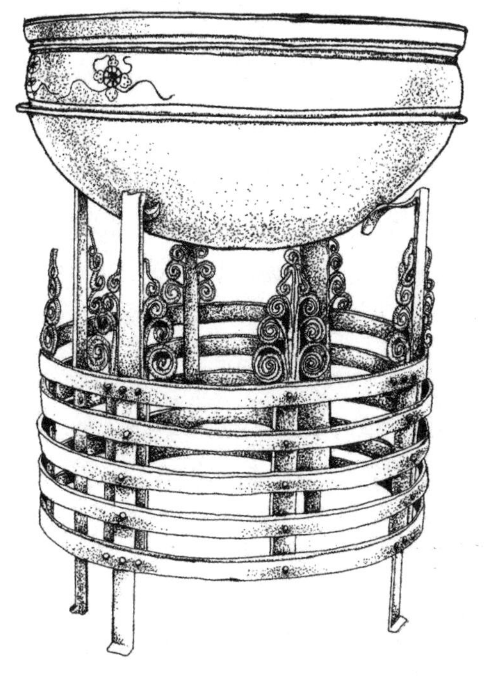

图6-2 火撑子和铁锅(引自《蒙古民族文物图典——蒙古民族毡庐文化》)

有歪斜，这个时候可以让它稍稍偏向西北，但绝对不能朝向东南(门的方向)，因为蒙古族有一种说法叫“财主家的锅偏向西北，讨饭人家的锅偏向东南”。(图6-2)

与火撑子配套使用的工具有很多，包括火镰、火钳子、火铲子、灰铲子、灰簸箕、吹火管、风袋、牛粪箱子等等。这些工具都要安放妥当，不能让人踢着、碰着。蒙古人使用的燃料与常见的煤炭、木柴不同，牧民使用的是一种草原上的特产——牛羊粪。在他们心目中，牛羊粪是洁净的、不可或缺的生活资料。它们不但容易获取，而且燃烧时间长，取暖效果好，在草原上非常适用。平日里，放牛羊粪的箱子必须被装得满满的，因为这是一种家庭富足和吉祥的象征。

蒙古人非常崇拜火神和灶神，认为他们能为家庭驱妖避邪，因而与之相关的禁忌很多。例如，和欧亚大陆的许多民族（如雅库特人、布里亚特人、塔吉克人、俄罗斯人等）一样，蒙古人忌讳往火里浇水。另外，他们禁止用任何锋利的东西接触火，不能用刀叉从锅里取肉，甚至在灶火旁边砍东西也不行。除此之外，往火里扔脏东西（特别是头发），在火边烤脚或烤靴子，敲打火撑子等行为也都被严格禁止。

和汉族的习俗一样，腊月二十三也是蒙古人祭灶神的日子（也有少数地方在腊月二十四祭灶）。祭祀当天，人们首先要将火撑子里的灰烬清理干净，然后重新点燃灶火。家里的男主人会手捧祭品（包括煮熟的山羊胸骨、五彩布条、酒、点心、草香、茶叶、红枣等），诵读祭灶词，大体内容是这样的：

九十九天神创造的火种，
也速该祖先打出的火苗，
圣主成吉思汗燃旺的火灶，
众蒙古部落承袭的遗产……
祈求火神保佑我们全家，
赐予健康、繁殖、财富和美好的前程！①

吟诵完后，他还要把各种祭品小心地放进火里，然后全家人围过来向火灶叩头。

从祭灶这天开始算起，春节就正式拉开帷幕。为了使新一年有个好的开端，只要条件允许，牧民会在节前把所有的债务都还清。如果之前两家人发生过矛盾，在这段时间里，当事双方会主动问候，调和矛盾，力图在新年伊始之际能有个愉悦的心情。

---

①引自《蒙古包文化》，内蒙古人民出版社，2003。

二、地毡和家具围成的圆形空间

火撑子支好以后就可以铺设地毡。由于大多数蒙古包里没有地板，地毡便成了隔湿防潮的重要设施。一般情况下，地毡是由四块接近扇形的毛毡组合成的，铺设时每块的直边要与火撑子的木框对齐，北侧两片的接缝要和南北轴线对齐。如果蒙古包里不摆放家具，那么地毡就要一直铺到哈纳的位置；如果摆放的家具比较多，那家具下面就可以不铺地毡。另外，蒙古包的门口是人们出入最频繁的地方，毡子容易被踩烂，此处也不铺地毡，而是留下一个豁口。在一些讲究的人家里，地毡不是四块而是八块，这叫"蒙古包八垫"，其实它的做法和前面说的大同小异，只不过是把每块毡子细分成了一块接近方形的毡子和一块扇形的毡子而已。地毡铺好后，还要在蒙古包里布置箱子、柜子、桌子、凳子等家具。这些家具以环形排列，每件都被摆放得井井有条，毫无杂乱之感。（图6–3）

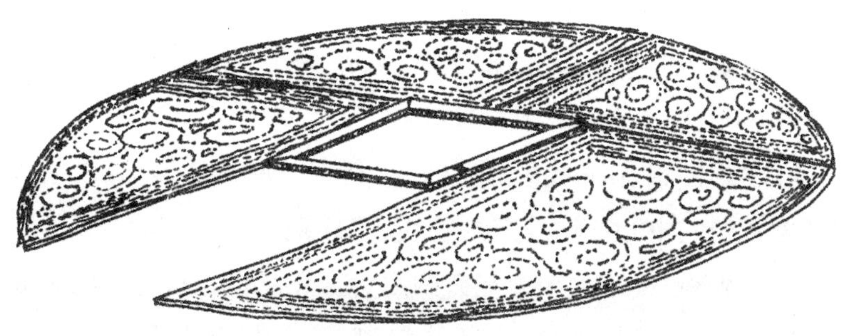

图6–3 蒙古包的地毡（引自《蒙古族传统文化图鉴》）

每当走进蒙古包里，首先映入眼帘的是圆形的火灶。抬头向上看，一道天光通过圆形的陶脑撒进屋里。顺着光线往下瞧，圆形的地毡给室内带来一种温馨舒适之感。环顾四周，各种色彩艳丽、装饰精美的家具在哈纳网格的衬托下，显现出一个圆形的起居空间。可以说正是这种圆形主题的反复出现，强化了蒙古包圆形的空间特征，并潜移默化地延续了蒙古人自古以来尚圆的文化传统。

三、无形十字划分的男女长幼空间

在游牧民族的观念里，不同的方位有着不同的含义。于是，蒙古包的室内空间被标定成东(左)、西(右)、南(前)、北(后)、中五个方位，进而形成了一套我们看不见的坐标体系，每种设施都依此为据，各归其位。当然，正如前面所说，并不是所有蒙古包都是坐北朝南的，也就是说有些蒙古包的前方并不在南方，后方也不在北方。比如，南阿尔泰人的毡帐就沿用了大多数突厥民族的传统，是朝东定向的。但不管它的朝向如何，室内的布局并不会根据建筑朝向的改变而改变。为了不使读者造成混淆，笔者仍以坐北朝南的蒙古包为例加以介绍，另外，还绘制了一张建筑方位的示意图，以期给阅读带来方便。(图6-4)

在这张图里有一个直角坐标系，其中的原点代表火灶，它是整个蒙古包的中心；x轴是东西轴线，将建筑分成了前后两部分；y轴是南北轴线，将建筑分为左右两部分。在蒙古包里，南面(确切的说是“前面”，后同)是门户的位置，它毗连入口，周围堆放着生活日用品，因而被看成是世俗的空间；北面是供奉佛像和摆放其他重要用品的地方，可以被看成是祭祀空间。西面摆放着畜牧和

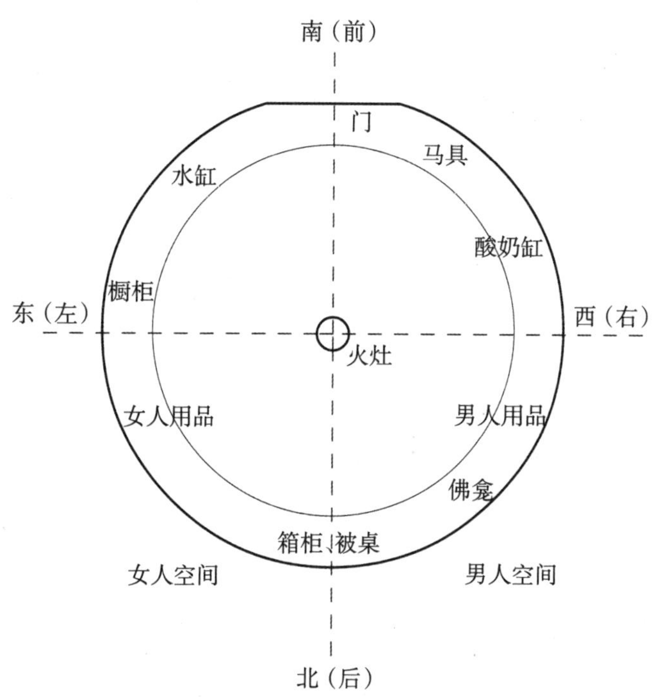

图6–4 蒙古包室内布局示意图

狩猎的用具，这些物品都和男人的劳动有关，因此是男人空间；东面放的是与妇女日常工作有关的物品，因而是女人空间。

一些学者指出，这种室内布局传统由来已久。一方面，早在蒙古包的雏形时期，女性就坐在左面，男性坐在右面。为了使用起来更加方便，男人和女人的劳动工具也按这种方式被放在了相应的位置上。另一方面，蒙古人以前信奉萨满教，认为右侧是尊贵和吉祥的方位，这也在一定程度上确立了蒙古包室内空间的划分方式。于是，经历了长久的发展，蒙古人自觉不自觉地沿用了这种传统。

在十几平方米的蒙古包里，通过室内空间的划分，游牧民族在观念上编制了一道关于神圣与世俗、长辈与晚辈、男人和女人、自己人和外来人的“填空题”。他们认为,所有的物品以及日常生活的礼仪、规范都必须按照正确答案“填写”,才能保证家庭的吉祥和富足。

1.南面——门户的位置

蒙古包的南面是门户的位置。有学者指出,它是一个“具有语义学意义的设施”,是划分未开发的“野外”和已开发的室内的分界线。之所以会得出这样的结论,是因为蒙古人非常尊重家里的门,特别是门槛,认为它能阻止灾难侵入,保佑家庭平安。正因如此,与门户相关的风俗和禁忌着实不少。

首先,有三条最基本的禁忌绝不可违反:第一,不能踩踏门槛;第二,不能坐在门槛上;第三,不能挡住大门。在过去,人们必须严格遵守这些规定,否则就会受到严厉的处罚。比如要是有人不小心误踩了大汗宫帐的门槛,是会被杀头的。除了以上三点之外,不同地区又有不同的风俗,如在蒙古西部地区,人们会把刀、斧、锯或普通的薄铁片尖端向下拴在门楣上,用意是断开并消除来自野外的灾难;而在另一些地方,人们会将死者从西侧拆开的哈纳处而非门的位置抬出去。当参加完葬礼后,还要在门前点燃麻秆,所有人先得用烟雾净化身上的不洁之气后,才能进到蒙古包里。

经过门坎时最不好的征兆是出门时绊了一下,这预示着幸福会从蒙古包里跑掉。为了避免这种情况,人们会马上返回屋里,从牛粪箱子中取一块干粪扔进火灶把火烧旺,这样才能化解不幸。

在很多蒙古族的文艺作品中,都有关于“摧毁门”、“劈开门”的描述,例如在罗卜桑丹津的编年史——《蒙古黄金史》[①]中,关于

①《蒙古黄金史》是中国古代重要的蒙文历史著作,17世纪中叶成书,罗卜桑丹津著。此书对研究蒙古历史,特别是明代蒙古族的历史有很大的价值。

铁木真战胜脱黑脱阿·别乞这一事件,他是这样描写的:

他那华美的门被人毁坏被人推倒,

女人和孩子被人俘虏,被人杀绝,

他那神圣不可侵犯的门被人打破,被人拆毁。

他的所有百姓被驱散,以致一切空空。

从中我们可以看出这是一种隐喻的记述,里面蕴含的真正含义是一个家族被摧毁、被征服。因此可以说,在蒙古族的文化里"门"是极具象征意义的一种圣物,它不仅仅是建筑的设施,而是升华成了一个部族的象征。

2、西面——男人用品之位

蒙古包的西边摆放的是男人的日常用品。其中马鞍、马笼头、马鞭、嚼子、套索等马具放在靠南的位置上。蒙古族是马背上的民族,对马有着很深的感情,爱屋及乌,男人同样会把各种马具打理得井井有条。分量轻的东西一般都整齐地挂在西南侧的哈纳上,以免人从上面跨越或践踏;而分量较重的马鞍子则常被摆在专门的木架子上。(图6–5)

图6–5 挂在西南侧的各种绳索

除了马具之外，盛放男人其他用具和衣物的箱子也摆在西边。箱子、柜子是蒙古包里最为常见的家具，它们大多成套出现，既实用又美观。蒙古族的家具多以朱红、深红、赭石、棕色等作为底色，上面描绘蓝色、绿色、金色的纹饰。虽然各种色彩对比强烈，但却并不显得艳俗和杂乱，而是给人一种热情、活跃的感受。（图6–6、图6–7、图6–8）

比较有趣的是，在这么多的男人用品中，人们能发现一个有点“不合时宜”的家伙出现在这里，那就是做酸奶用的酸奶桶。照理说做酸奶应该是女人的工作，可是为什么又把酸奶桶放在西边呢？原来在蒙元时期，挤马奶、做酸奶其实是男人的工作，只是到了后来才逐渐变成女人的任务。虽然“主管领导”改变了，但是酸奶桶却依然坚守在原先的地方。

图6–6　红底绿屉二龙戏珠纹对开门挂牙橱（引自《蒙古民族文物图典——蒙古民族毡庐文化》）

图6-7 红底绘双喜纹对开门木橱（引自《蒙古民族文物图典——蒙古民族毡庐文化》）

图6-8 蒙古包西侧的陈设（引自《蒙古民族文物图典——蒙古民族毡庐文化》）

3、西北——神佛之位

在各个方位当中，西北是最为尊贵的位置。藏传佛教兴盛以前，这里是供奉萨满教“翁古特”（偶像）的地方。“萨满”一词源自通古斯语中的“saman”（后来演变成英语中的“shaman”一词），原指从事各种萨满巫术的祭司。萨满教的起源很早，它并没有特定的教条，而是信奉“万物有灵”。因此天地日月、山川河流、飞禽走兽都是他们崇拜的对象。在各种神祇中，祖先的灵魂是极受尊敬的，人们认为故去的先祖会以某种形式长存于宇宙当中，能给现世的人带来欢乐和财富，也会将各种灾难降至人间。因而人们将祖先偶像化，并在蒙古包最尊贵的位置上加以供奉。

图6-9　蒙古包西北侧的神佛之位（引自《蒙古民族文物图典——蒙古民族毡庐文化》）

到了16世纪，随着黄教（藏传佛教格鲁派）的传播，萨满教逐渐被取代。但与此同时，蒙古的佛教也在萨满教的影响下，产生了新的风俗。比如祭天、祭火、祭敖包等原本属于萨满教的仪式，如今则被纳入到了蒙地佛教的范畴当中。正是在这样的变化和相互影响下，翁古特神虽然被佛像代替了，但是神佛并没有根据佛教习俗被供在北边，而是依然留在了西北方。在这里，佛像被供奉在佛龛里，平时佛龛并不打开，只有到了正月或其他重要的日子人们才会把佛像请出来，上香祭拜。在佛龛的下面一般是一个双层的供桌，上层摆着酥油灯、香烛和贡品，下层放着佛经和各种法器。（图6–9、图6–10）

图6–10　佛龛和佛台（引自《蒙古族传统文化图鉴》）

4、北面——蒙古包的正位

北面是蒙古包的正位，一般在靠着哈纳的位置会摆放一张被桌。在被桌上面整齐地叠放着男女主人的衣物、被褥和枕头。男人的枕头放在西面，女人的枕头放在东面。被桌上的各种衣物，男人的放上面，女人的放下面，而且衣服的领口要朝着佛像，不能朝门放（只有死人的衣服才这么收拾）。除了被桌之外，一些人家也会在北面放一对木箱子，里面装着衣物、绸缎、首饰、钱财等贵重物品。（图6–11）

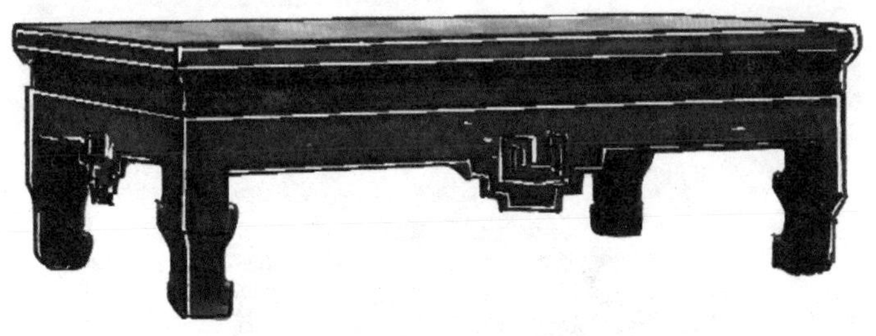

图6–11　红底雕回纹被桌

有的人家在家具和火灶之间，还会铺一块长方形的大坐毡。这种毡子装饰精美，做工考究，是为迎接贵客特地准备的（图6–12）。在蒙古包里，待人接物都有一定讲究，特别是在迎接客人、安排座次时更是不能含糊。在圆形的蒙古包里，以西、北为上，东、南为下。在这当中，尤以西北最为尊贵，那里一般只供奉佛像而不坐人（如果客人是喇嘛，他可以坐在那里）。除此之外，要数北面最受人尊敬。所以在安排座次时，除了遵守男人坐西边、女人坐东边这一原则外，另一个原则是地位高的人（或长辈）坐北边，地位低的

图6–12　装饰精美的坐毡（引自《蒙古民族文物图典——蒙古民族毡庐文化》）

人（或晚辈）坐南边。在大多数情况下，正北是一家之主的位置，如果父亲年事已高，他的儿子成了户主，也可以让儿子坐在那里；如果父亲早逝，无论儿子多大岁数，母亲也要让他坐在正面。还有在客人当中如有非常尊贵的来宾时，经过主人的邀请，这位客人也可以坐在正北的主位上。再就是有个例外，当举行新婚庆典时，蒙古包的座次会被彻底打乱：婚礼上坐在北面正位的不是双方父母，而是新郎官。如果婚宴是在女方的家里举行，客人无论男女，只要是男方家的人一律坐西面，女方家的人一律坐东面；如果婚礼是在男方家里，座次就要进行对调，女方的家人一律坐西面，男方家人坐东面……

5.东面——女人用品之位

蒙古包的东面是摆放女人用品和各种炊具的地方，相当于是女人的空间。一般来说，妇女的衣物、化妆品、针线等放在靠东北的箱子里。在这些箱子的南侧（也就是蒙古包的正东面）是家里的“厨房”。此处，一个橱柜靠墙而立。它多为三层，底下是个带门的柜子，里面放着各种食品。上面两层是开敞的，放着锅碗瓢盆等器皿。

说到厨房，就不能不谈谈蒙古人的饮食。和一般人的想象不同，蒙古族并不是动辄就杀牛宰羊、无肉不欢的民族，相反他们很注重饮食的合理和营养的均衡。蒙古人的食谱主要以奶食品和肉类，即“白食”和“红食”为主，配以炒米、面食、瓜果蔬菜等。他们有一个习惯，即在不同的时令吃不同的食物。比如在春夏交替之际，草原上正是奶食最丰盛的时节。这段时间里牧民就以奶食品和炒米为主食，很少吃肉。而到了9、10月份，牛羊开始长膘，而新鲜奶的产量也逐渐减少，只有这个时候蒙古人才会以肉食、面食为主。让人难以想象的是蒙古人这种合理的饮食习惯由来已久，他们从不为满足口腹之欲浪费资源，而是根据自然规律，在适当的季节食用合适的食物。如此科学的生活方式，着实让那些自诩“文明”的现代人感到汗颜。

蒙古族的“红食”以牛羊肉为主，驼马肉次之，禽类鱼类也少量食用。除了肉质鲜美之外，其烹饪手法与其他地方大同小异。至于蒙古族的“白食”，不论是种类还是质量，在中国绝对是首屈一指的。蒙古族有一句俗话：“最值得称道的食品是奶食品，最值得信赖的品质是正直”。可见奶食在他们心目中居于很重要的地位。春末夏初是鲜奶丰收的季节，黄牛、牦牛、绵羊、山羊、骆驼、马甚至是驯鹿的奶会装满牧民的奶桶。除直接饮用之外，妇女们会把各种鲜奶加工成花样繁多的奶制品，如酸奶子、奶酪、稀奶油、奶

酒等饮料，或是奶豆腐、干酪、酸奶干、酸奶渣等食品。每当有客人上门拜访时，女主人就会从橱柜里取出各种奶食，放在一个大托盘里，热情地请客人品尝。

如今，很多牧民家里用上了床，于是原先厨房的位置就被床所取代。而放置食品的橱柜则被挪至东南侧，和水缸、牛粪箱子等放在一起。

四、蒙古包的室外空间布局

蒙古人大多以浩特为单位下盘，一般是几家关系不错的朋友或亲戚住在一起。驻扎的时候，长辈的蒙古包要搭建在西北或正北方向，其他人家按长幼尊卑次序沿弧形排布。在整个蒙古包群的东边和南边，还要把勒勒车、牛练绳等排成弧形。几个大弧合在一起就形成了一个大圆环。

与蒙古包类似，浩特围合出的这个大圆环也将空间划分成“已开发的”和“未开发的”两部分。圆环里面是安置牲畜的地方，无疑是使这些珍贵的财产免受野狼的侵袭。在圆环的外面，牧民根据不同牲畜的特点，又将旷野划分成了“牧牛区”、“牧羊区”和“牧马区”。其中，牧牛区距离浩特最近，范围最小，牧羊区的范围较大，而牧马区的范围最广。如此划分的原因：首先，牛群的独立生活能力较弱，并且价值最高，如果遇到灾害应该最先抢救，所以牧民将其安排在便于管理的地方。其次，羊群数量较多，独立生存能力强，不需要人的特殊照顾，所以牧民放心地将它们带到稍远的地方觅食。最后，在各种家畜中，马的性情最为彪悍，且奔跑能力强，不易受到野兽攻击，因而它们的活动空间最为广阔。虽然组织形式比较松散，但蒙古人的室外空间也大体呈现出同心圆的特征。可以说，他们将游牧文化中尚圆的特质从蒙古包室内一直拓展到了苍茫的旷野之上，从而最终建立了观念中的理想家园。（图6–13、图6–14）

图6–13　宛如珍珠般散落在草原上的羊群

图6–14　草原上的马群

第二节 蒙古包里的礼俗文化

蒙古族是一个非常注重礼仪的民族,不管是贵客来访还是家庭聚会,男女老幼都要举止得体,否则会被认为是粗鲁的,甚至是不吉利的。万一是不懂蒙古族规矩的外人犯了忌讳,主人虽然心里不快,但都会大度地原谅他;如果是本族的人没有遵守相应的礼仪和规范,那就会被看成是一种不尊重、不友好的表现而受到其他人的鄙视。

蒙古族的传统礼俗涉及日常生活中的方方面面,在此主要介绍蒙古包里做客时需要注意的礼节。

过去蒙古人出行都是骑马,一旦进入了别人的浩特里,首先要做的就是勒马慢行。这是一种有礼貌、守规矩的做法,和现在在住宅小区里开车要减速是一个道理。屋里人一听到外面有动静,首先会让孩子出门看看。看见有客人来了,他们便回屋告诉大人,然后举家出动,到蒙古包外,甚至是浩特的外面将客人迎进家里。如果客人来了而里面的人又没听到,客人不能往屋里张望,更不能上前敲门。正确的做法是在外面喊一声“诺亥豪力!”(“看住狗”的意思),或是咳嗽一声,告知对方自己的到来。还有一些事情也需要注意,比如当看到蒙古包外挂着一张弓或是一块红布的时候,说明这家人刚刚喜得贵子。挂弓代表生了男孩,挂红布代表生了女孩。由于蒙古人对新生儿特别呵护,担心外人把不洁之气带给婴儿,所以一般情况下客人就不能进入这座蒙古包。如果客人是专程前来探望,根据牧民的习俗,他们会先被请到其他的蒙古包里烤烤火、歇歇脚,过上半个钟头让不洁之气散掉,然后才能接近母子。这种做法看似有不少迷信的成分,但是通过短暂的"隔离",确实能避免某些疾病的传播,还是有一定科学依据的。

抛开特殊情况不谈,当宾主双方见面之后,如果来客是长者,主人家就要帮他牵住马,并把他搀扶下来。下马以后,人们一边相互问安,一边向毡包走去。在蒙古族,坐、卧、立、行都有很多讲究,不同的人必须根据自己的身份采取不同的姿态,否则会被看成是不懂礼数的。先说走路的姿势,在成年男性和老年人中,最常见的步态是背手走路。即身体微微前倾,双手在背后交叉,并用右手抓住左手的腕关节走路。这种姿态是成熟的标志,在长辈面前年轻人不能这么走路(这种姿势对喇嘛来说是禁忌)。而对于妇女来说,走路时将双手交叉着放在身前才是得体的表现。在行进过程中,晚辈要跟在长辈后面,切忌一边走路一边大声说话或吹口哨。

到了蒙古包的跟前,客人要把帽子、衣扣、袍袖都整理妥当,同时将随身携带的武器放在蒙古包外(这是一种和睦的表示),然后才能进门。进门时主人要把毡门从东边撩起来,邀请客人进入。客人按长幼尊卑之序鱼贯而入,在此过程中宾主之间并不交谈。每个人都要先迈右脚跨过门槛(如果先迈左腿,就表示是来讨债或打官司的),有些部族在进门的同时还会用右手轻触门楣,以示祝福。

进门之后,按照前面介绍的方法确定好座次,客人会给主人献上哈达并交换鼻烟壶。在影视资料里,我们能见到少数民族敬献哈达的场景。一般牧民到别家做客,如果带了其他礼品就可以不献哈达。要是在特别喜庆的日子里,或是两家人为了化解矛盾而相互拜访的时候,就一定要献哈达。在此以后,宾主双方还要交

图6-15 交换鼻烟壶(引自《蒙古民族文物图典——蒙古民族毡庐文化》)

换鼻烟壶,这在上岁数的人中是一种很普遍的礼节:首先,主人把鼻烟壶的盖子打开,用右手递给客人。客人用右手接过,挖一点鼻烟放在左手大拇指上,凑近鼻子吸进去。然后再把鼻烟壶盖好,用右手递还给主人。这是一种比较正统和老派的礼仪,还有一种相对简单的方式:主人在递鼻烟壶时不打开盖子,客人接过之后,略加把玩,然后象征性地闻一闻,再恭敬地还给主人。与此同时,人们还会互致礼节性的、不含任何实际信息的祝词。只有在完成以上一系列礼仪之后,宾主双方才会真正开始做事务上的交谈。(图6-15)

在蒙古包里,保持得体的坐姿是非常重要的。男人最排场的坐姿是盘腿坐,在公开场合中,只有官宦、长者、喇嘛才能采用这样的坐姿。另一种常见的坐姿是单腿盘坐,即一条腿盘坐在身下,另一条腿弯曲而立,撑在身体的侧前方。需要注意的是,立起来的必须是靠近大门的那条腿，意在把不好的东西挡在蒙古包外。所以坐在西边的男人要立右腿，坐在东边的女人要立左腿。还有一种坐姿是跪坐，这在古代是平民拜见可汗、那颜时的姿势，同时也是祈求吉祥平安时的姿势。在蒙古族眼中采用跪坐并不有损尊严（长辈在晚辈面前不能跪坐），而是一种表达虔诚和友善的方式。

只要是到蒙古人家里做客，主人一定会准备丰盛的宴席招待宾朋。当女主人向客人敬茶的时候，会双手或只用右手奉上。双手奉茶的姿势比较常见，表示的是一种由衷的尊重。而只用右手把杯子递上来的习俗和很多地方不同。在蒙古文化里，右手被视为“幸运之手”或“天惠之手”，人们会用它做很多重要的事情，如递交礼品、接收礼品、挤奶等等。有学者指出，蒙古人用右手奉茶是有现实需要的，因为过去的传统服装都宽袍大袖，为了防止袖口滑到茶碗里，女主人要用左手指尖按住右肘。久而久之，这种殷切热情的姿态就被普及并保持了下来。

在蒙古地区饮酒的风俗差别比较大，通常主人会将三只盛满酒的杯子恭敬地送到客人面前，有时还唱酒歌。客人要用双手接过酒杯，然后用右手无名指蘸酒，并弹酒向天空、地面和自己的前额，代表敬天、敬地、敬祖先，接着将杯中酒一饮而尽。如果客人实在不能喝酒，只要事先言明，然后把酒杯在嘴唇上蘸一蘸，主人是不会为难他的。其实蒙古人并非我们想象的那样嗜酒如命，相反他们把过分饮酒看成是失礼的行为。所以您到蒙古朋友家做客完全可以放心，只是在饮酒时记住两点：第一、能者多饮，第二、适可而止就行。

说完了饮酒，再说吃饭。款待客人时羊肉是最好的食品。羊肉的摆放也有讲究，一般胸排、肋条摆在最下面，羊尾巴和肩胛骨肉放在中间，最上面放的是羊头。在古代有些地方的人会用羊肩胛骨占卜算卦，出于这一缘故，他们在吃的时候有牙齿不能触及骨

头的规定。进餐时要请长辈先动刀割肉，然后其他人才能开始吃。切肉时刀刃要朝向自己，决不能对着其他人。在吃带肉的骨头时，应该把上面的肉都剃干净而不能浪费。还有一点要注意，蒙古人非常敬重灶神，用刀叉等尖锐的物品从锅里插肉是被严格禁止的。

客人准备离开时，主人全家都要起身相送。对于普通的客人，送到蒙古包外就行了。如果是特别尊贵的客人，或是德高望重的老者，就要把他们一直送上马并走出浩特。临行之前，主人要祝他们一路走好，有时还会泼洒鲜奶，以示祝福。

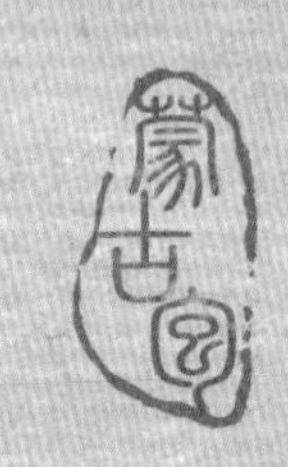

第七章 蒙古包的色彩和装饰

古今中外,建筑与装饰从来就是紧密联系在一起的,这点在蒙古包里也不例外。各种色彩热烈、造型生动的纹饰和图案,通过对称、均齐、适形、重复等方式出现在蒙古包的各个位置上。不仅非常美观,而且还被赋予了吉祥的寓意,比如龙凤代表祥瑞、狮虎象征勇猛、五畜预示富足、花草意味幸福等。这些装饰题材有的取自神话、有的源于生活,它们在蒙古人的脑海中相互交融,成了取之不尽、用之不竭的创作源泉,用以美化、歌颂人们的生活。

第一节
蒙古包的色彩

自古以来，游牧民族和广袤的草原形成了一种独特的关系。在这里,天空是湛蓝的,青草是碧绿的,太阳是火红的,羊群是洁白的。每天在如此纯净的色彩世界里纵情驰骋,游牧民族的审美观念和习惯潜移默化地受到了影响。于是人们将偏爱的色彩“复制”到自己的生活中,并赋予它们不同的象征意义。

白色是蒙古人最喜爱的颜色之一。在日常生活中,他们接触最多的东西,比如毛毡、奶制品、皮张等都是白的。所以人们形成这样一种观念,即白色的东西越多,生活就越富足。久而久之,这种纯净的色彩又被赋予了高贵、纯洁、忠诚、善良等含义。蒙古包的外观以白色为主,这是由质朴的建筑材料——毛毡的特性决定的。在蒙古高原强烈的阳光下,白色是最醒目的色彩。它不但能清晰地勾勒出建筑浑圆、饱满的外轮廓,让它从一片苍翠中“跳”出

图7-1　一片苍翠中的蒙古包

来，而且还能和变幻的白云、聚散的羊群形成很好的呼应效果。再加上毛毡表面绣着各种吉祥图案，给原本稍显呆板的纯色注入了无限生机。可以说，正是这种既纯净又富张力，既质朴又不失华美的白色，将蒙古包的美发挥得淋漓尽致。（图7–1）

蒙古人将苍狼与白鹿视为图腾，除了白色之外，青色也是他们十分喜爱的色彩。蒙古族认为青色是天空的颜色，代表永恒、坚贞、博大和忠诚。很多的人名和地名都被冠以青色，比如著名的呼和浩特就是如此。在蒙语中，“呼和”即青色之意，所以呼市又有“青城”这个雅致的别名。在蒙古包里青色主要出现在顶饰和一些彩画当中，使造型简洁的建筑显出更为丰富的层次。

红色是另外一种受人喜爱的颜色。它象征阳光与火焰，同时还有着生活幸福、快乐的寓意。在日常生活中，红色是随处可见的。从姑娘的红头绳，到马鞍上的红布贴花，再到昭庙外面的红色围墙，在任何地方都能见到它的踪影。蒙古包里亦是如此，室内的各种木结构和家具的底色几乎都是红色的。每当走进牧民的家，在这强烈的色彩和热情笑脸的映衬下，人们会不由自主地沉浸在一种欢快、喜悦的气氛当中。

除了上述三种最重要的色彩之外，富丽堂皇的金色、银色，象征希望的黄色，代表生命的绿色等也都是蒙古人喜爱的。总的来说，蒙古包的色彩可以用两个词来概括，那就是“对比强烈，用色大胆”。正因如此，旷野上的蒙古包才能展现出那种意气风发的大气之美。

第二节
蒙古包的装饰

远古时期，人类崇拜自然，认为整个氏族都起源于某种具有神力的动物、植物或自然现象，并受到他们的庇佑。于是人们把这些超自然的力量具象化并加以崇拜，各种图腾便应运而生。图腾是远古先民的精神支柱，在部落最显著的位置，或是每家每户的大门上、房间里，都有它的形象。久而久之，图腾便成了建筑装饰中的主要题材。后来，随着阶级社会的出现和宗教观念的变化，人的信仰发生了改变。即便如此，图腾崇拜并未被新的信仰体系完全取代。于是新的元素与旧的形式相融合，建筑装饰的题材被大大地丰富了。

在蒙古包的装饰图案中，"四雄"的形象屡见不鲜。所谓"四雄"，指的是龙、凤、狮、虎四种动物。和其他民族一样，蒙古人也认为它们具有无穷的神力，对其崇拜有加。

龙乃鳞虫之长，它角似鹿，头似驼，眼似兔，项似蛇，腹似蜃，鳞似鱼，爪似鹰，掌似虎，耳似牛，是最能代表华夏文明的祥瑞之物。龙的形象起源很早，最早可以追溯到距今8000 年的内蒙古敖汉旗兴隆洼文化。在距今7000多年的赵宝沟文化遗存中，也发现了不少鹿龙、猪龙、鸟龙的形象。可以说中国龙的起源和北方草原有着密不可分的联系。（图7–2）

凤乃羽虫之长，是吉祥美好、至真至善的化身。在蒙古文化

图7–2　龙

里，凤鸟和圣主成吉思汗有着很深的渊源。成吉思汗名叫铁木真，据说在他28岁即位之前的那几天，总有一只五色瑞鸟在他家门前“成吉思、成吉思”地鸣叫。人们视此为吉兆，并以此为大汗命名，于是在上天的指引下，成吉思汗终成霸业。（图7–3）

狮子是佛教中护法的神兽。虽然身为舶来物种，但随着蒙地佛教的兴盛，狮子也以时而威猛雄壮，时而憨态可掬的造型，受到了广大牧民的喜爱。（图7–4）

与狮子不同，对虎的崇拜在中华大地上自古有之。虽然蒙古人不以虎为图腾，但和其他草原民族一样，他们依然对虎的勇猛和强悍崇敬有加，因此虎的形象也经常在蒙古文化中出现。（图7–5）

事实上，蒙古包的装饰题材远不止这些。蒙古人不但继承、发扬了草原先民的文化传统，而且还对汉、藏、回等民族的造型艺术加以吸收，进而创造出一套独具特色的装饰体系。在蒙古包上，我

们经常看到的装饰形象大致分为四类。第一类是抽象的几何纹样，包括哈纳纹、回纹、卍字纹、普斯贺纹、兰萨纹、犄角纹、云纹、山纹、水纹、漩涡纹等；第二类是具象的动植物纹样，包括龙、凤、狮、虎、象、驼、牛、马、羊、鹿、蝶、鸟、鱼等动物形象，以及宝相花、牡丹、莲花、佛手、杏花、葫芦、石榴、仙桃、缠枝卷草等植物纹样；

图7-3　凤

图7-4　狮子

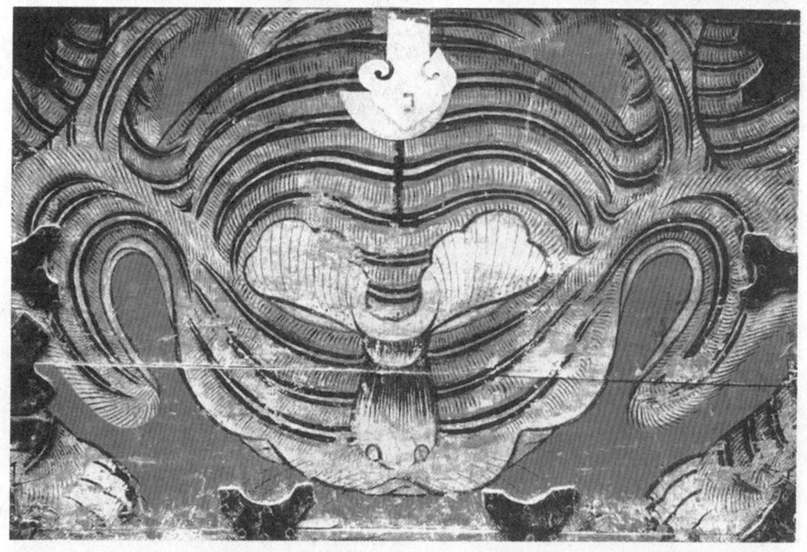

图7-5　红底彩绘虎头纹木箱（引自《蒙古民族文物图典——蒙古民族毡庐文化》）

第三类是吉祥的宗教纹样，包括佛教的法轮、法螺、宝伞、白盖、莲花、宝瓶、金鱼、盘肠，以及道教的太极图等；最后一类是写实的人物图案，包括历史上的英雄人物故事和日常的劳动场景等。这些纹饰和图案，有的雍容华贵、有的朴素大方、有的孔武雄壮、有的乖巧灵动，都被巧妙地布置在了蒙古包的木架、毛毡、家具等位置。它们的形象源于生活又高于生活，而且内容包罗万象，可以说是展现草原文化的立体图册。下面介绍几种比较有特色的装饰纹样：

哈纳纹，又称渔网纹，是蒙古族最常见的一种装饰纹样。有学者认为，哈纳纹斜向交叉的形象最早起源于符号“+”。“+”是太阳的象征，也是原始社会太阳崇拜族群的符号。在蒙古包的室内，哈纳占据了很大的面积，它既是建筑的承重结构，又独具审美价值，是功能与形式的完美结合。（图7–6）

图7–6　哈纳形成的网状纹饰

回纹，又叫云雷纹，是由连续的回旋折线组合成的几何图形。回纹在蒙古文化里是“坚强”的象征，被广泛运用在各种毛毡、挂毯、皮画当中。（图7–7）

兰萨纹是蒙古族民间广泛使用的吉祥图案，经常和盘肠纹、卷草纹组合使用，具有天地相通、万代延续、生生不息等含义。（图7–8）

犄角纹形如牛、羊卷曲的角，因而得名。这种纹样十分常见，带有图腾崇拜的含义。在蒙古包中，毛毡的边缘刺绣和贴花常用这种题材，有时也和云纹组合使用。（图7–9）

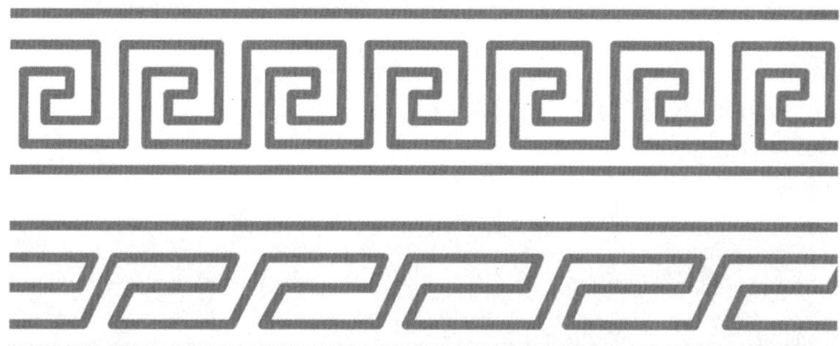

图7–7　回纹

图7–8　兰萨纹

图7–9　犄角纹

图7-10 云纹

云纹，又叫鼻子纹，在匈奴、鲜卑、契丹等民族的文物中都曾出现过，是一种很古老的纹样。云纹在蒙古族的工艺美术中应用很广，从建筑彩画、毛毡刺绣到传统服饰、生活用品，衣、食、住、行中都能见到这种图案。之所以被称为"鼻子纹"，是因为有这样一个传说：在很久以前，有个富人建造了一座蒙古包，他想请人在上面装饰漂亮的图案，但是所有能工巧匠的设计他都不满意。正在一筹莫展的时候，有一天来了一头牛。这头牛鼻子上蹭了很多灰，赶巧一头撞在洁白的蒙古包上，留下了个鼻子的痕迹。富人对这个图案特别满意，打那以后蒙古族就流行使用鼻子纹。（图7-10）

骆驼是蒙古的五畜之一，它体大力壮，耐饥渴、耐寒暑的能力强，是古代征战和近代运输的重要工具。蒙古族的很多毛毡和皮画上都有骆驼的形象。

马是牧民最好的朋友和得力的助手，因而其形象经常出现在蒙古族的各种装饰当中。每到节庆的时候，鄂尔多斯地区的牧民

会在蒙古包外的苏力德①上悬挂五色（红、黄、蓝、绿、白）禄马风旗。常见的式样是旗子中心有一匹或九匹骏马，旗子四周还印有四雄图案。这种习俗源自古代蒙古人对英雄和战马的崇拜，一直流传至今。（图7–11、图7–12 ）

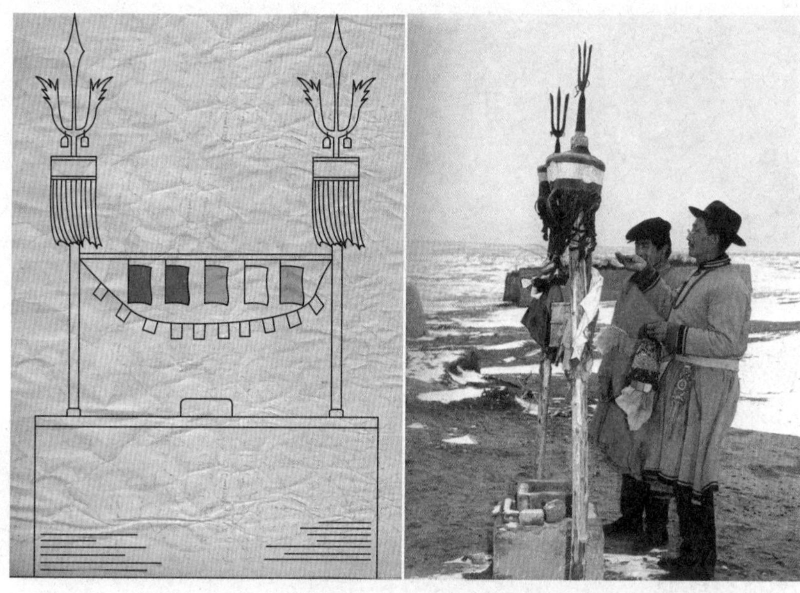

图7–11 苏力德

图7–12 祭祀禄马风旗（引自《蒙古民族文物图典——蒙古民族毡庐文化》）

蝴蝶是一种美丽的昆虫，也是吉祥的象征。《本草纲目》中说，“蝶美于须，蛾美于眉”，蝴蝶经常被看成是夫妻恩爱、幸福的象征。蒙古人也很喜欢蝴蝶，经常会在毛毡上刺绣彩蝶飞舞、蝶恋花等题材的装饰。（图7–13）

宝相花是一种源自佛教的花卉。“宝相”一词原指佛祖慈祥端

①“苏力德”意为“长矛”、“旗帜”，相传是长生天赐予成吉思汗的神矛。在鄂尔多斯的召庙或普通牧民的住房前，都竖有苏力德。它的造型如同三股钢叉，单独或成对插在高台上面，是民族兴旺和尊严的象征。

庄的仪态。这种花并不真实存在，而是人们集众花之美创造出的一种图案，通常以牡丹、莲花为主体，其间镶嵌各种其他花卉和枝叶，形成富丽堂皇，雍容华贵的装饰形象。（图7-14）

图7-13　蒙古族传统蝴蝶纹样（引自《蒙古族传统文化图鉴》）

图7-14　元代金盘图案，上面装饰有宝相花（引自《中国古代图案选》）

图7–15　牧民家中的成吉思汗像

成吉思汗是蒙古人心中的英雄。八百年前，他创建了蒙古汗国，颁布了法律，开创了文字。不仅如此，他改变了中世纪的世界格局，打破了洲与洲、国与国之间闭塞的状态，从而促进了世界经济、文化的大融合。正是有着如此丰功伟绩，毛主席称赞他为“一代天骄”，并和秦皇汉武相提并论。在草原上，几乎每家每户都会在蒙古包里供奉成吉思汗像，这种习俗反映了人们对开国圣主的崇拜之情。（图7–15）

蒙古包的装饰题材丰富、花样繁多，然而却丝毫不给人以混乱无序之感。究其原因，主要得益于蒙古人巧妙的构图手法。简单地说，他们的构图手法大致有三种，即连续构图、适形构图和独立构图。

所谓连续构图，指的是以一个图案为基本单元，向两个方向（左右或上下）无限伸展形成带状纹饰，或向上下左右四个方向伸展形成面状图案的构图方式。也就是我们常说的二方连续或四方连续图案。这样的构图手法经常用于抽象几何纹样当中。通过对简单图形的有序排布，人们就能创造出丰富的、带有韵律感的图形，进而起到增加装饰层次和衬托主题的作用。（图7–16）

图7-16　各种四方连续图案(引自《蒙古族图案》)

图7-17　适形构图(引自《蒙古族图案》)

适形构图指的是把一种装饰图案经过变形加工,恰当地布置到另一个轮廓分明的形体中的构图手法。例如把两只狮子布置到圆形的普斯贺纹中，或是把一只蝙蝠布置到边角的三角形空白中,都属于这一类型。(图7–17)

独立构图指的是以一个图形为主题，布置在特定的范围内，与周边图形不发生任何关系的构图手法。比如在毡门的中心单独布置一个盘肠纹就属于此类。

不过,在蒙古包的装饰实践中,以上三种手法总是被综合运用的。不仅如此,蒙古人并不拘泥于既定的条条框框,而是追寻自由的天性,将各种图案灵活多变地加以组合和再造。正是这种无休止的创作热情,使得即便是同一个妇女制作出的毡门,也会呈现出各种颇具新意的变化,而这种变化正是蒙古包装饰艺术中最动人、最具生命力的部分。

后　记

2009年秋，“中国传统木结构营造技艺”同其他21个项目一道入选联合国“人类非物质文化遗产代表作名录”。在这举国欢腾的重要时刻，以中国艺术研究院建筑艺术研究所科研人员为骨干的专项申报小组终于感到如释重负。当然，本书的作者也是其中的一员。

其实早在2008年以前，建筑艺术研究所在刘托研究员的带领下，就已经完成了大量关于中国传统建筑营造技艺的整理和研究工作。也正是由于有此扎实的基础，我们才有幸参与到后来的联合国申报工作中。申报的过程是艰苦的，申报的成果是喜人的。对于我这样一个刚刚参加工作不久的年轻人来说，这无疑是人生中难得的经历。

由于申报材料需要涵盖中国各民族的传统建筑，因而笔者有幸结识了内蒙古博物院文物保护研究信息中心副主任李少兵先生，并和他成了朋友。少兵先生比我年长，是位学养深厚的实干家，而且极富工作热情。联合国名录申报成功以后，我们依然保持联系，并相约一同完成蒙古包营造技艺的整理、研究工作。本书中大量的一手资料，以及全部的三维电脑图片都是少兵先生和他领导的项目团队搜集、制作的，这为后来的写作提供了坚实的基础，在此笔者深表谢意。

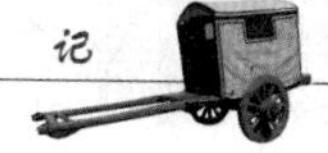

说句实在话，作为一个汉族人，笔者在撰写本书时经常感到力不从心。一方面，由于从小在城市长大，游牧的生活方式对于我极其陌生，加上传统文化背景的缺失让我在写作时经常感到语塞词穷。另一方面，研究蒙古包的书籍、论文虽然不少，但有很多是用蒙文撰写的，这就给笔者这个蒙文盲带来了很多麻烦。所幸，在刘托先生、少兵先生的指导和鼓励下，尽管困难不少，但笔者还是精心钻研完成了写作。希望本书的出版能为保护悠久的草原文化，保护蒙古包的传统营造技艺贡献一份绵薄之力。

参考文献

[1] 王文章.非物质文化遗产概论.北京:教育科学出版社,2008.

[2] 牟延林,谭宏,刘壮.非物质文化遗产概论.北京:北京师范大学出版社,2010.

[3] 向云驹.解读非物质文化遗产.银川:宁夏人民出版社,2009.

[4] 张彤编.蒙古民族文物图典——蒙古民族毡庐文化.北京:文物出版社,2008.

[5] 郭雨桥.细说蒙古包.北京:东方出版社,2010.

[6] 阿木尔巴图.蒙古族图案.呼和浩特:内蒙古大学出版社,2005.

[7]乔吉,马永真.蒙古包文化.呼和浩特:内蒙古人民出版社,2003.

[8] 陆元鼎,杨谷生.中国民居建筑.广西:华南理工大学出版社,2003.

[9] 哈斯巴特尔.蒙古族传统文化图鉴.呼和浩特:内蒙古人民出版社,2002.

[10] 贾珺.清代离宫中的大蒙古包筵宴空间探析//张复合.建筑史论文集(第17辑).北京:清华大学出版社,2003.